우리가
조금 불편하면
지구가 건강해지는
50가지 방법

플라스틱
다이어트

우리가
조금 불편하면
지구가 건강해지는
50가지 방법

플라스틱
다이어트

호세 루이스 가예고 지음 | 남진희 옮김

우리교육

들어가면서……

이 책을 쓰는 동안, 칠레 앞바다에서 새로운 쓰레기 섬이 발견되었다. 이 섬을 발견함으로써 떠다니는 플라스틱 쓰레기 섬이 다섯 개로 늘었다. 문제는 전 세계 여기저기서 우후죽순처럼 생겨나는 이런 섬의 총면적이 벌써 1600만 km²남아메리카 대륙과 비슷한 크기에 달한다는 점이다.

플라스틱으로 인한 지구 오염 문제가 인류에 심각한 도전 과제가 되고 있다는 점은 의심의 여지가 없다. 이 책이 제기하는 것은 이 문제에 맞서 싸우기 위한 수많은 제안 가운데 일부분으로, 여러분이 적극적으로 참여하기 바란다. 결국, 모든 제안이 하나가 돼야 문제를 해결할 수 있기 때문이다.

크든 작든 우리 모두 문제의 심각성을 잘 인식해야 할 뿐 아니라, 우리 일상에서 특정한 습관들을 바꿔 나가는 식으로 대응해야 한다는 것을 다시 한번 강조한다.

호세 루이스 가예고
2019년 2월

우리 생활을 둘러싼
플라스틱에 대하여

우리는 지구를 플라스틱으로 덮고 있다

코에 면봉이 박힌 거북이, 고무줄에 걸린 물고기, 통조림 깡통 구멍에 목이 졸린 갈매기, 배 속에서 30kg이 넘는 비닐봉지가 발견된 향유고래.

우리 인간이 바다나 바다에서 살아가는 동물들에게 저지르는 일에 대한 이미지는 매일 SNS 망에 넘쳐난다. 정말 끔찍하고 유감스러운 일이 넘쳐나는 것이다. 이것은 인간이 바다를 거대한 플라스틱 배출구로 만듦으로써 해양 생태계를 서서히 죽이고 있다는 명백한 증거기도 하다.

사용한 뒤 버리는 모든 쓰레기의 일정 부분은 결국 바다로 흘러 들어간다. 대부분이 몇 분, 몇 초 정도밖에 사용하지 않은 것이지만, 몇 년도 넘게, 아니 어떤 것은 수 세기 동안 '인간이 만든 쓰레기basuraleza'가 되어, 사라지지 않고 남아 있을 것이다.

음료수를 마실 때 썼던 빨대, 변기에 버린 휴지. 우리는 이것들이 미생물에 의해 분해되지 않는다는 것을 잘 알면서도 함부로 버린다. 한 번 사용하고 버리는 플라스틱 용기들, 플라스틱 빨대와 수저, 일회용 플라스틱 용품들……. 한 번 사용하고 버린다는 것, 즉 일회용품 사용은 결국 바다와 전 지구, 그리고 우리 몸까지 플라스틱으로 뒤집어씌우겠다는 것이나 다름없다.

우리는 플라스틱 문제를 진지하게 고려해야 한다는 사실을 잊어버렸다. 플라스틱을 쓰레기로 만들었을 때 그로 인해 일어날 결과에 대해 전혀 생각하지 않고 있다. 예컨대 너무 가볍게 생각하고 플라스틱을 버린다. 변기에, 쓰레기통에, 휴지통에, 길거리에 플라스틱을 버리다 보니 이 지경이 된 것이다. 그런데도 우리는 이 쓰레기 문제를 악화시키고 있다는 사실을 전혀 의식하지 못한다. 그래서 일말의 양심의 가책도 없이 그토록 많은 플라스틱 용품을 단 한 번만 사용하고 버리는 것이다.

우리는 매년 바다에 1200만 톤 이상의 플라스틱 쓰레기를 버린다. 이는 어마어마한 양으로 강과 바다, 바닥과 그 주변을 오염시키고, 바다 생물의 생물학적 다양성과 해안에서 살아가는 다양한 생물종에 영향을 미친다.

그러나 이것만이 아니다. 바다가 아닌 우리 인간의 건강을 더 심각하게 위협하는 것은 미세플라스틱에 의한 심각한 오염이다. 미세플라스틱의 아주 작은 조각들은 이런저런 부위를 통해 살아 있는 동식물의 몸 안으로 들어와 결국 기관에 달라붙는다. 예컨대 인간의 먹이가 되는 동식물종을 포함해 우리 몸속에 쌓이게 되는 것이다.

최근 몇 년 동안 인간의 신체 기관에서 미세플라스틱의 존재를 밝혀낸 의학보고서가 끊임없이 나오고 있다. 빈 의과 대학이 작성하여 오스트리아 정부에 제출한 보고서, 예컨대 실험분석을 통해 실제로 인간 배설물에서 검출된 플라스틱 입자를 조사한 보고서가 좋은 예다. 세계보건기구WHO는 인간이 직면하게 될 잠재적인 위험성을 평가하고, 보건 위생과 관련된 주의 경계 단계가 어느 수준에 도달했는지를 밝히기 위해 이런 보고서가 내놓은 결과물을 다시 꼼꼼히 분석하고 있다.

상황이 너무 심각하여 유엔은 2018년 '전 세계에서 플라스틱을 만들고 사용한 다음 쓰레기로 관리하는 방법을 재고'하기 위해 급히 전 세계 나라를 소집하였을 뿐만 아니라 세계환경의 날 6월 5일을 제정하는 등 플라스틱 오염에 맞서 전쟁을 선포하였다.

플라스틱 생산을 현재와 같이 지속한다면 2020년에는 연간 생산량이 5억 톤을 넘을 것이다. 이는 1980년에 비하면 10배에 가까운 것인데,* 더 큰 문제는 생산량의 80%가 일회용품과 관련

---

* 유럽 플라스틱산업협회(Plastics Europe)가 발표한 바에 따르면, 2020년 세계의 플라스틱 생산량은 3억 6700만 톤이었다. 이 책에서 걱정하던 것보다는 플라스틱 생산을 덜했지만, 생산량을 더 줄이지 않으면 2030~2035년에는 6억 5000톤을, 2050년에는 10억 톤에 이를 것으로 추정한다고 했다.

되어 있다는 점이다. 2018년 그린피스는 공식성명을 통해, 전 세계의 플라스틱 소비를 억제하는데 전 방위적인 행동을 계획하지 않는다면, 2050년에는 바다에 물고기보다 플라스틱이 더 많이 존재하게 될 것이라고 경고했다.

이를 막기 위해서는 수많은 전선을 동시에 펼쳐야만 한다. 그 중 첫째는 석유로 만드는 플라스틱 생산과 상업화 그리고 소비 자체를 줄여야 하고, 이런 물질로 가공하는 일회용품 생산을 최소화하여야 한다.

동시에 식물성 물질로 만든 새로운 합성 물질 연구개발을 서둘러야 한다. 식물성 물질에서 나온 찌꺼기는 생태계에서 만 배는 더 쉽게 생분해돼 어떠한 오염도 만들지 않는다. 또 한편으로는 현재 바다에 버려진 플라스틱 쓰레기를 수거하기 위한 전 세계적인 캠페인을 기획해야 한다. 식별하고 분류해서, 다시 한번 원재료로 가치를 높일 수 있어야 한다.

이는 지속 가능한 발전의 가장 좋은 사례 중 하나로, 생산… 사용…폐기로 이어지는 현재의 선형적인 경제 모델에서 쓰레기들이 자원으로 재활용되는 생산-소비-재활용-생산으로 연결되는 원형 경제 모델에 기초한 새로운 패러다임으로 우리를 유도할 것이다.

이 모든 것은 간단한 의사 표명에서 개인적인 참여에 이르기까지 다양한 방법을 이용해 우리가 일상에서 맺는 플라스틱과의 관계를 끊기 시작할 때 비로소 이루어질 것이다.

매년 우리는 바다에 1200만 톤 이상의
플라스틱 쓰레기를 버린다.

플라스틱은 어떻게 만들어졌을까?

그러나 우리 일상생활에서 플라스틱 사용을 줄일 방법을 이야기하기 전에 명확하게 할 것이 있다. 플라스틱이라는 물질은 아무 죄가 없으며 지나친 소비, 좀 더 확실하게 이야기한다면 인간이 지나치게 플라스틱을 남용한 것이 문제라는 사실이다.

플라스틱을 누가 만들었고 어떻게 세상에 나왔는가에 대해선 수많은 이론이 있지만, 이 물질이 세상에 나오게 된 것은 미국의 젊은 과학자인 존 웨슬리 하이야트 John Wesley Hyatt 덕분이라는 데 대부분이 동의한다. 1868년 그는 자기만의 방법으로 셀룰로이드라고 명명한 플라스틱 물질을 만들었다.

그러나 현실에서 젊은 하이야트가 한 일은 자연과학을 연구하는 장년의 영국 교수의 선행 연구를 받아들여 개선하고 자기 것으로 만든 일과학 세계에서는 아주 일상적인 것이었다. 알렉산더 파크스Alexander Parkes라는 영국인 교수는 과학 발전에 자기 삶을 다바쳐 연구실에서 실험만 했던 아주 열정적인 과학자였다.

파크스 교수가 우연히 만든 화학적인 혼합물 중 하나는 니트로셀룰로스 한 방울에 피마자유와 장뇌 한 꼬집을 한데 섞은 합성물이었다. 새로운 인공 혼합물은 지금까진 알려지지 않았던 아주 투명하면서도 질기고, 어떤 형태든 만들 수 있는 새로운 물질의 기원이 되었다. 이것이 새로운 물질이라는 것에 대해선 전혀 의식하지 않았음에도, 1860년 알렉산더 파크스는 파크신이라는 첫 번째 플라스틱을 만들어 낸 것이다.

그러나 파크스의 발명품은 기대한 만큼 성공을 거두진 못했다. 아무도 관심을 주지 않았으며, 효용성 역시 산업계를 설득할 정도가 되지 못했다. 이 물질이 아무짝에도 쓸모가 없다는 생각에 심하게 낙담한 최초의 플라스틱 발견자는 제조 비법을 서랍 속에 처박아 놓았다. 결국 존 웨슬리 하이야트라는 아주 대범한 발명가가 나타날 때까지 기다려야만 했다.

발명에 푹 빠진평생 수백 개도 넘는 특허를 등록했다 하이야트는 파크스의 셀룰로스 비법을 사들인 다음, 또 다른 화학 물질을 더해 조금 다른 혼합물을 만들었고, 에탄올 사용 덕분에 눈에 띠게 개선된 합성물을 만들었다.

하이야트가 계속해서 찾던 생산물 중 하나는 상아를 닮은 내구성이 아주 강한 물질이었다. 이것은 왜 만들었을까? 코끼리를 대량으로 학살한 탓에 코끼리 어금니인 상아 생산이 위기 국면에 들어갔기 때문이었다.

결과적으로 당시 가장 대중적인 경기였던 당구용품을 생산하던 대표적인 회사에서 당구공을 만들 물질이 사라져 버린 것이다. 뉴욕에서 최고 명성을 자랑하던 '펠란 앤드 콜랜더Phelan and Collander'는 상아 당구공에 가장 가까운 제품을 제작하는 데 만 달러의 상금을 걸고 경연대회를 열었다.

수십 년이 흐르는 동안 독창적으로 셀룰로이드를 혼합하거나 다양한 화학 성분들로 만들어진 플라스틱 합성물의 변종들이 만들어졌다. 실험실에서 만들어진 혼합의 결과물은 오늘날 우리가 아는 정말 다양한 플라스틱 종류를 만들어 내기까지 서로 다른 폴리머중합체, 화학적으로 합성되어 만들어진 고분자에 길을 열어 주었다.

그때부터 플라스틱을 사용한 덕분에 인류는 모든 분야에서 발전을 거듭했다. 조선에서부터 건설, 섬유 산업과 자동차 산업 더 나아가서는 의료 산업까지 발전했다. 플라스틱이 없었더라면 신기술은 오늘날 우리가 도달한 곳까지 발전하지 못했을 것이다.

파크스와 하이야트 덕분에 엄청나게 비약적인 발전을 했다.

편리했던 플라스틱이여…… 이젠 안녕!

문제는 도가 지나치게 확신하고는 미친 듯이 우리 주변 환경에 플라스틱을 밀어 넣은 것이다. 아무런 예방조치도 없이, 화학적인 구성물이라는 점을 고려하지 않고 말이다. PVC는 환경에 상당한 독성을 가진 물질로 염소와 마찬가지로 인간의 건강에 매우 유해하다. 독성을 배출할 수 있는 아주 불안정한 합성물이다.

플라스틱은 생산한 시점부터 사용한 다음 쓰레기로 만들어 버릴 때까지 조심해서 다루고 제대로 통제하며 사용한다면 안전한 물질이다. 그런데 우리가 내린 가장 최악의 결정은 플라스틱으로 일회용품을, 즉 슈퍼마켓의 비닐봉지에서 일회용 면도기까지, 버려도 되는 식기부터 자연으로 회귀하지 않는 용기까지 다양한 일회용품을 생산하여 짧게 사용한 다음 바로 버리기로 한 것이다.

폴리머의 대부분은 만들어진 지 50년이 안 되는 아주 짧은 역사를 지니고 있어, 우리는 이것을 쓰레기로 자연에 투기했을 때 생기는 독성이 인간이나 지구 환경에 미치는 위험에 대해 아직 잘 모른다. 늦은 감이 없진 않지만, 이제야 그중 몇 가지가 서서히 밝혀지고 있다. 우리는 아직 정확하게 알지도 못하는 물질을 지구에 가장 많이 유통되는 물질로 바꿔 놓았다.

플라스틱이 우리를 포위하고 있다. 이젠 우리 주변이, 다시 말해 섬, 대륙, 반구, 전 지구가 견딜 수 있는 능력을 뛰어넘는 순간에 도달했다. 만일 한 번 사용하고 버리는 문화를 포기하지 않는다면 그리고 플라스틱 제조와 소비를 줄이지 않는다면, 지구 전체가 하이야트가 당구 공을 대신하려고 고안한 플라스틱 공투성이가 될지도 모른다.

> 우리가 내린 최악의 결정은
> 플라스틱으로 일회용품을 만들어
> 짧게 사용한 다음
> 바로 버리기로 한 것이다.

이 모든 것에 이 책이 이바지할 수 있길 빈다. 그저 생각만 하는 것으로는 부족하다. 그렇다고 스트레스 받지는 말길. 이 책의 의도는 가능하다면 가장 편안하고 큰 희생 없이 선택할 수 있는 방법으로, 변화를 위해 문제를 지적하고 아이디어를 제안하는 등, 우리에게 남은 기회를 명확하게 하려는 것이다.

  그러나 분명한 것은 이제 우리는 반드시 행동으로 옮겨야 한다는 것이다. 팔짱 낀 채 방관만 하고 있을 수는 없다. 환경을 돌보길 원한다면, 아주 작은 행동이라도 매우 강력한 영향을 발휘할 수 있다.

차례

물건을 살 때

1. 마음을 담은 선물에서
플라스틱 빼기

선물은 우리에게 환상을 안겨 주고, 선물을 풀어 볼 때의 기대와 호기심이야말로 선물을 주고받게 만드는 감정의 가장 본질적인 것이라는 사실에 많은 독자가 동의할 것이다. 그러나 포장을 전혀 안 하고 "이거 받아, 널 위한 거야." 하면서 불쑥 내미는 선물은 그 안에 무엇이 들어 있을까 추측하는 즐거운 상상을 불가능하게 만든다. 하지만 선물을 포장하는 행위는 몇 배나 많은 환경 비용이 발생하기 때문에, 이제 선물을 주고받는 관습에 관해 한번 돌아볼 때가 되었다.

근사해 보여도 해로운 과대포장

과대 포장의 좋은 사례로 고가 화장품에 속하는 향수 포장을 들 수 있다. 우리가 사는 것은 작은 병에 담긴 향수 50ml로, 수프용 수저에도 담을 수 있는 정도다. 그런데 열 배나 더 무게가 나가는 멋진 유리병에 포장되어 나온다. 그뿐 아니다. 향수병보다 큰 플라스틱 캡슐로 싸는 것으로도 부족해, 다시 두꺼운 골

판지로 싸고, 이를 다시 플라스틱 필름으로 코팅한 최고급지로 만든 상자에 넣어 시중에 나온다는 사실을 절대로 잊어서는 안 된다. 여기서 끝나지 않는다. 보통 포장 단계에 이르면 우리에게 "선물용 포장을 해 드릴까요?"라고 질문한다.

선물용 포장을 해드릴까요?-아니요!

선물 포장을 남용하면 쓰레기 매립장을 넘치게 할 뿐만 아니라, 재활용할 수 없는 다양한 물질과 뒤섞여 소각로를 가득 채우는 데 한몫 단단히 한다. 그뿐만 아니다. 재활용할 수 있더라도, 크리스마스와 같은 특정 시기에 버려진 포장재를 담으려면 도시에서 사용하는 쓰레기 수거용 컨테이너가 열 배는 더 커져야 한다.

🔆 경험을 선물하자!

자신만의 경험담을 선물하거나, 가족이나 친구들, 연인 사이에서 재미있는 놀이나 활동을 선물하는 것이 좋은 아이디어가 될 수 있다. 멋진 대안이 아닐까? 이 방법을 사용하면 물건보다는 선물을 주고받는 그 순간에 더 큰 가치를 부여할 수 있다. 한 걸음 더 나아가 소비도 줄일 수 있고 덕분에 다른 활동에 더 많은 시간을 쓸 수 있다.

🔆 세상에 단 하나뿐인 포장지

자기만의 포장지를 만드는 것도 멋지면서 창의적이고, 신선하면서 독특한 선택지가 될 수 있다. 일 년 동안 잡지나 신문, 광고 용지 등을 모아두면 이를 이용하여 고품질의 선물용 포장지와 크게 차이 나지 않는 포장지를 만들 수도 있다. 자투리 천이나 마른 잎을 사용해도 좋다. 정말 놀랄만한 포장지를 만들 수 있을 것이다.

2. 장 볼 때는 시장가방을 준비하고

　미생물에 의해 쉽게 분해되든 안 되든, 비닐봉지는 그 자체가 쉽게 사용하고 쉽게 버리는 문화를 잘 증명한다. 환경에 주는 충격을 줄이기 위해서, 해법이 단순히 비닐봉지의 재료 물질인 폴리머 종류를 바꾸는 것으로 끝나서는 안 되고, 매일매일의 생활에서 최대한 사용을 줄이는 것으로 책임 있는 소비를 실천해야 한다. 바로 여기에 열쇠가 있다.

　다른 방식으로 이야기해 보자. 비닐이건, 종이건 상관없이 가장 친환경적인 것은 아예 봉지 자체를 요구하지 않는 것이다. 그래야만 절대로 바다로 흘러가지 않을 것이다.

일회용인데 영원히 사라지지 않는 마술, 비닐봉지

　소비 문제를 다룬 최근 법 조항[*]은 봉투 사용을 눈에 띌 정도로 줄이는 데 성공했다. 경량 플라스틱, 즉 비닐봉지는 자연환경

---

[*] 우리나라는 '자원의 절약과 재활용 촉진에 관한 법률 시행규칙' 개정안을 2019년 1월 1일부터 시행했다. 이때부터 일정한 규모 이상의 슈퍼마켓, 대형마트에서 1회용 비닐봉투 사용이 금지되었다.

에 가장 많이 널린 쓰레기다.

사실, 이런 종류의 봉지가 안고 있는 중요한 문제는 재료보다는 사용 자체에 있다. 슈퍼마켓에서 주는 봉지 한 장은 가게에서 집까지 가는 데 걸리는 불과 몇 분 동안만 의미가 있을 뿐이다. 집에 도착해서 쇼핑한 물건을 냉장고와 싱크대에 잘 나눠 놓으면 이 봉지들의 할 일은 끝나는 셈이고 이 경우 대부분은 곧바로 쓰레기가 되어 플라스틱 휴지통에 들어가 영원히 잊히는 신세가 된다. 그러나 이런 봉지를 만드는 데는 많은 에너지와 원자재가 들 뿐만 아니라, 그 잔재는 백 년 이상 지구 생태계 여기저기에 흩어진 채 남아 있게 된다. 이는 특히 바다 생태계에 심각한 영향을 준다.

가장 생태적인 것은
봉지를 달라고 하지 않는 것!

물고기, 거북이, 돌고래, 고래 등의 폐사 원인 중 하나가 플라스틱 봉투를 먹이인 줄 알고 먹어서다. 이는 점차 증가하는 추세다. 가장 작은 물고기부터 엄청나게 큰 범고래까지 모두 플라스틱 봉투에 대단히 취약한 존재로, 똑같은 위험에 노출되어 있다. 육지에서 버리는 쓰레기 80%는 시간의 차이는 있지만 결국은 바다로 흘러 들어가기 마련이다.

💡 가방 안에 시장가방 하나는 기본!

편의점이나 슈퍼마켓에 가기 전에 살 물건의 부피를 미리 생각한 다음, 이를 운반하는 데 필요한 것을 미리 준비해서 나가자. 가게에 갈 때 살 물건의 품목을 미리 생각하고 필요한 것을 미리 준비하는 것과 마찬가지다. 쇼핑 품목이 차지할 부피를 미리 계산하는 데 익숙해져야 한다. 퇴근 후 슈퍼마켓에 들를 때 이것은 정말 좋은 습관이다. 를 대비하여, 아침에 반드시 천으로 만든 쇼핑백을 가방에 넣어 두는 것이 바람직하다는 사실을 대부분의 사람은 심각하게 생각하지 않는다. 물론 살 물건이 천으로 만든 쇼핑백에 다 들어가지 않을지도 모르지만 이건 별 상관이 없다. 장을 볼 품목에 시리얼 두 상자와 요구르트가 있고, 남은 과일이라곤 변변치 않은 레몬 하나밖에 없어서 과일가게에 들를 생각도 있는 데다가, 저녁 식사용 생선과 다음 날 아이들에게 줄 간식으로 바게트를 살 생각까지 있다면, 그러고도 시간이 나서 약국까지 들르려고 한다면 사실 쇼핑백 하나로는 충분하지 않을 것이고, 최소한 두 개는 있어야 할 것이다.

💡 품목에 따라 시장가방을 바꾸기

집에서 바로 과일이나 채소를 사러 갈 때는 장바구니나 커다란 대바구니를 가져가자. 아니면 좀 더 클래식한 다목적 카트를 가져가는 것도 좋다. 디자인도 크기도 다양하고, 심지어 접을 수 있는 카트까지 있으니까. 이렇게 접을 수 있는 카트는 일하러 갈 때 가져갈 수도 있다. 이렇게 장바구니나 카트를 가져가는 경우엔 무료로 제공되는 과일 봉투를 사용하지 않아도 된다. 과일이나 채소를 포장하지 않고 상자에 담아 무게를 잰 다음 바로 바구니나 카트에 넣으면 따로따로 봉투별로 나눠 담지 않아도 된다.

💡 많이 살 땐 박스를 준비할 것

자동차를 타고 대형마트에 갈 때 가장 실용적인 대안으로는 트렁크에 미리 상자를 넣어 두는 것이다. 슈퍼마켓 카트에 물건을 담았다가, 이것을 다시 봉투에 넣을 필요 없이 트렁크

상자에 옮겨 담으면, 쇼핑한 물건들을 차곡차곡 넣을 수 있고 안전하게 운반할 수 있다.

과일과 채소를 포장하지 않고
상자에 넣어 운반한 다음,
무게를 잰 뒤 바로
바구니나 카트에 담으면 된다.

3. 기왕이면 코르크 마개로!

　포도주병을 딸 때마다 플라스틱 마개를 사용한 것을 자주 보게 된다. 플라스틱 마개 사용을 옹호하는 사람들은 인공 마개가 코르크 마개나 다른 마개보다 긍정적인 기능이 있다고 주장한다. 일부 병에 영향을 미칠 수 있는 특유의 '코르크 풍미'를 유발하는 천연 코르크 제품에 담긴 향이 포도주에 전달되는 것을 막아 준다는 것이다.

　그러나 의견이 다른 전문가도 있다. 폴리에틸렌 계열의 마개는 포도주 맛을 변질시킬 수 있는 물질일 뿐만 아니라 우리 건강에 해로운 물질을 포도주에 전달할 가능성이 있다는 것이다. 이에 대한 근거로 포도주 맛을 나쁘게 할 수 있는 분자 이동에 관한 연구를 든다.

플라스틱과 경쟁하는 코르크

플라스틱 마개의 장단점에 대한 논쟁을 나중으로 미루더라도 코르크 마개에 우호적인 의견이 존재한다. 엄밀한 의미의 환경적인 관점에서 봤을 때 코르크 마개를 옹호하는 것이 필요하다는 것이다.

몸통을 잘 감싸 극심한 추위나 다른 여러 가지 문제로부터 코르크나무를 보호하는 껍질인 코르크를 잘 활용해도 나무에는 아무런 해를 끼치지 않을뿐더러, 오히려 정 반대 효과를 거둘 수 있다. 예컨대 나무가 더 건강해질 뿐만 아니라 더 잘 성장할 수 있게 도와준다. 그리고 이로 인해 전 세계에서 가장 지속 가능한 산업 중 하나가 탄생할 수 있게 된다.

코르크 마개 제조업은 플라스틱 마개를 사용하는 경향이 강화되면 분명 타격을 입어 사라질 수 있으며, 이는 궁극적으로 코르크나무 숲을 위험에 빠트릴 것이다. '스페인 제국 독수리', '이베리아 스라소니' 혹은 검은 독수리처럼 지중해 주변 숲에서 가장 위협받는 것이 바로 이와 연계된 토착종 코르크나무다.

🔆 플라스틱 병마개를 거부하자!

포도주를 고를 때, 자연을 생각한다면 코르크 마개를 사용한 포도주를 구입하자. 환경 단체는 이미 수년에 걸쳐 소비자들에게 플라스틱 마개를 사용하는 포도주를 거부해, 코르크 산업을 지지해 달라고 촉구해 왔다. 이를 위해 포도주병 라벨에 플라스틱 마개 사용 여부를 밝힐 것을 강력히 요구하고 있다. 그렇지 않으면 병마개 덮개를 제거해야지만 알 수 있기 때문이다.

4. 세계를 여행하는 토마토

　토마토는 흠이 하나도 없고, 윤기가 나며, 완벽하게 둥글고, 모두 일정한 크기의 빨갛게 잘 익은 것만 있다. 보는 것만으로도 구미가 당길 정도다. 대형마트 중앙 통로에 피라미드처럼 쌓인 토마토는 영화나 광고에서 소품으로 사용되는 플라스틱 토마토와 정말 똑같이 생겼다. 그렇지만 이 토마토들은 뭔가를 감추고 있다. 대형마트 진열장에서 떨어지거나 컨테이너에 실려 운반 중에 심하게 흔들려도, 굉장히 단단해서 거의 변형이 안 된다. 단단한 껍질 덕분에, 품종을 개발한 사람들이 'long-life긴 수명'라는 이름을 붙일 만큼 유통 과정에서 일어나는 모든 충격과 압력 등을 이겨낼 준비가 잘 되어 있는 것이다.

토마토의 고향은 비닐하우스

유전자 조작을 통해 만들어진 이런 토마토 개량종은 대체로 수경재배를 통해 비닐하우스에서 재배된다. 이는 모두 비닐 아래에서 비닐의 영향을 받으며 싹이 트고 자랐다는 것을 의미한다. 한마디로 땅이나 외부 공기와의 접촉도 없었으며, 햇빛을 받은 적도 비를 맞은 적도 없다.

스페인 남동부의 알메리아 주에는 전 세계에서 가장 큰 비닐하우스가 있다. 거대한 인공 모자이크 무늬를 형성하는 2억 m² 서울시 면적의 약 3분의 1 크기가 넘는 어마어마한 규모의 비닐하우스 단지다. 비닐의 바다라고도 할 수 있는 이곳은 인간이 만든 건축물 중에서 우주에서도 볼 수 있는 몇 안 되는 것 중 하나다.

문제는 이 온실의 외형을 만드는 비닐 대부분이 시설물이 파손되거나 농장 운영을 포기하는 경우 주변 자연으로 흩어진다는 점이다. 그 결과 산책로, 도로, 주변 토지 할 것 없이 모두 비닐로 덮여, 바람이 바다로 몰아가 퇴적시키기만을 기다리는 것이다.

이런 토마토는 식품 안전에만 문제가 있는 것이 아니다. 맛도 떨어질 뿐만 아니라, 하우스를 만드는 데 사용된 비닐 대부분이 결국은 바다로 흘러 들어가게 되고 수질을 오염시켜 해양생물 다양성에 심각한 영향을 미친다는 점을 인식하는 것이 중요하다. 토마토를 사러 갈 때는 반드시 판매자들에게 물어보고 가까운 곳에서 생산하거나 지속 가능한 농법을 사용해 재배한 작물을 선택하는 것이 좋다.

5. 과일이 입은 포장을 벗기자

대형마트의 과일 및 채소 매장은 우리가 포장 재료로 비닐을 얼마나 황당하게 많이 사용하는지를 확인하기 좋다. 천도복숭아 3개, 오렌지 2개, 혹은 양파 1개단 한 개를 폴리스틸렌 접시에 담아 투명한 비닐 랩으로 포장해 놓은 것을 볼 수 있다. 포도는 한 송이씩 폴리에틸렌 상자에, 레몬은 몇 개 단위로 그물망에 포장해 놨고, 셀러리는 한 줌씩 포장 구매용 가방처럼 담아 놨다. 그리고 오이는 책처럼 비닐로 씌워 놨다. 판매되는 과일과 채소 전부를 갖은 방법으로 포장하고 비닐로 씌워 놓았다.

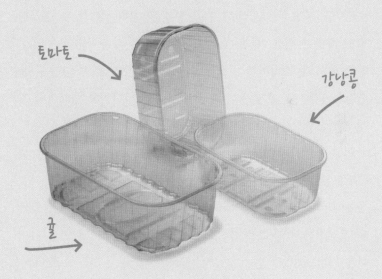

토마토

강낭콩

굴

편리함에는 반드시 대가가 있다

껍질을 벗기거나 잘라 놓은 과일, 채소를 냉장 진열대에서 할인 판매하는 빈도와 양이 점점 늘고 있다. 귤이나 석류를 쪼개 놓거나, 키위와 오렌지를 얇게 썰어 놓거나, 바나나 껍질을 벗겨 놓거나, 사과를 잘라 놓거나…… 껍질을 벗겨 놓은 과일도 엄청나게 많다. 몇 토막으로 잘라서 투명 비닐로 포장하여 팔기 위해서 자연이 선물한 가장 완벽한 용기인 과일 껍질을 벗겨 버리는 것이다.

채소 또한 마찬가지다. 늙은 호박, 감자, 아티초크, 샐러리, 애호박, 당근. 모두 토막내서 진공 포장을 한다. 샐러드를 포장할 때도 황당한 짓을 계속한다. 상추와 치커리 등을 깨끗하게 씻어 잘라 놓았다. 소비자들이 집에 가져가 다시 번거롭게 다듬는 불편함을 피할 수 있게 말이다. 어쩌다 이런 극단적인 형태까지 가게 되었을까? 정말 이런 것이 필요할까?

이런 불합리한 소비 습관은 엄청난 양의 쓰레기를 만들어 낼 뿐만 아니라, 식재료에서 껍질을 제거하면, 보관에 필요한 자연 상태에서의 조건이 훼손되어서 빨리 상한다. 껍질을 벗겨 토막 낸 오렌지는 하루면 상하지만, 껍질이 있으면 일주일 이상 완벽하게 버틸 수 있다.

💡 껍질 채소나 과일은 포장 없이 그대로

비닐 쓰레기가 늘어나는 것을 막고 음식물 쓰레기를 줄이려면, 이런 식의 판매 방법을 슈퍼마켓에서 그만해야 한다. 슈퍼마켓에 가서 과일과 채소를 비닐 포장해서 팔지 말라고 부탁하자. 그때까지 비닐 포장을 제거하고 껍질이 있는 것을 낱개로 구매하자.

💡 장아찌를 살 땐 용기 가져가기

피클, 장아찌 등을 살 때 유리병을 가져가서 덜어서 살 수 있는지 물어보자. 이것들은 일반적으로 대량 구매를 하지 않는 상품이라, 장바구니를 무겁게 만들지는 않을 것이다. 더욱이 가게를 나설 때 비닐봉지나 상자 여러 개를 양손에 나눠 들지 않아도 될 것이다.

상추와 치커리 등을 깨끗하게 씻어 잘라 놓았다. 소비자들이 집에 가져가 다시 번거롭게 다듬는 불편함을 피할 수 있게 말이다.

　사장님을 잘 알고 있는 경우, 예를 들어 사려는 물건이 폴리스틸렌 트레이에 담긴 아보카도 두 조각이라면, 트레이 없이 가져가도 되는지 물어보고 그곳에서 바로 불쌍한 아보카도를 꺼내 트레이를 가게에 놔두고 오자. 이런 작은 행동이 당신의 행동을 지켜본 상인들과 다른 소비자들을 다시 한번 생각하게 할 것이다. 그리고 그 트레이가 여러분의 쓰레기가 되는 일도 없을 것이다.

포장 쓰레기가 진짜 필요해?

부엌에서

6. 재활용하려면 제대로 버리자

플라스틱은 세계에서 가장 널리 사용되는 포장재다. 매년 수십억 개의 소비 상품이 유통 단계에서 비닐로 싸이거나 포장되어 판매된다.

빈 용기를 주변 환경에 아무렇게나 버리는 것을 막기 위해서는 회수해야 하는데, 이는 제조업자부터 소비자까지 모두가 함께 책임져야 할 중요한 목표 중 하나다. 그러나 재활용하기 전에 줄이는 것이 먼저 필요하다. 그러므로 플라스틱 포장 상품을 만드는 회사는 플라스틱 포장을 줄이거나 없애고, 환경문제에 참여를 강화하기 위해 새롭고도 더 큰 도전을 해야 한다.

분리하여 재활용하기

여러가지 이유로 재활용되지 않는 용기

플라스틱 용기가 모두 다 재활용되는 것은 아닌데다가, 회수 가능성이 없어 자연환경에 고스란히 쓰레기로 쌓일 수 있는데도 함부로 버리는 것이 지나치게 많다. 모든 사람의 협력과 참여가 절실하다. 제조업자는 용기 무게를 줄이고 부피를 줄이는 등, 불필요한 요소를 과감하게 제거하는 데 이바지할 친환경 디자인 대책을 수립해야 한다. 재활용된 물질을 우선적으로 사용하거나 좀 더 수월하게 대비할 수 있도록 훗날 어떻게 재활용할 것인가를 고려해야 한다.

어떤 방법이 되었든, 우리가 사용한 제품의 빈 용기나 포장재가 바다로 흘러 들어가는 것을 막으려면 개인이 적극적으로 참여하는 것이 가장 중요하다. 빈 용기를 분리하고 분리 수거통에 넣는다면 쓰레기가 되는 것을 막을 수 있다.

-ᄒᄒ- 재활용 용기에서 포장재 벗기기

재활용을 위해 빈 용기와 포장재를 분리하는 것은 플라스틱으로 인한 오염을 줄이기 위해 우리가 할 수 있는 최선의 방법이다. 이런 행동부터 최종적인 목적, 즉 용기들의 회수 주기를 줄이는 일을 시작할 수 있다.

🔆 분리수거 솔선수범하기

이미 여러분은 분리하고 재활용하기를 하고 있을 텐데, 주변의 누군가가 하지 않고 있다면, 그들의 집에 초대됐을 때 반드시 쓰레기통에 직접 손을 집어넣어 주인이 버린 음료수 캔을 꺼내야 한다. 그러고는 여러분이 직접 캔을 가져다 재활용 통에 넣겠다고 제안하면 된다. 이런 경우 모범을 보이는 것이 백번 천번 이야기하고 설교하는 것보다 훨씬 효과가 있다.

7. 코팅 프라이팬 경계하기

　주방용품을 살 때 "잘 달라붙지 않는"이라는 매혹적인 라벨이
나 이름이 붙은 물건이 많다. 잘 달라붙지 않는다는 설명이 붙은
냄비, 프라이팬, 그릴, 베이킹 도구, 아주 유용한 기능을 가진 기
타 가정용품들 말이다. 이러한 것들은 만들 때 아주 높은 온도
에서도 식재료가 잘 달라붙지 않는 물질을 사용한다.

달라붙지 않는 마법의 진실

이러한 가정용품의 가장 중요한 문제는 많은 경우 성분 중에 C8이라고도 부르는 퍼플루오로옥탄산염PFOA이 사용된다는 것이다. 이는 환경에 독성이 있는 물질로 건강에도 심각한 영향을 미칠 수 있다. 이 제품은 내구성이 강해 산업용으로도 사용된다. 방수 섬유 가공부터 건축자재, 개인 위생용품, 자동차 액세서리, 무기, 의료 및 실험실 장비, 물감과 페인트 등에 사용된다.

퍼플루오로옥탄산염을 사용하여 가공한 제품이 너무 널리 퍼져서 현재는 북극의 고래부터 지중해의 돌고래까지 전 지구 생명체의 신체 기관에서 발견될 정도다. 미국 시민에게서 채취한 혈액표본 99.7%에서 C8의 잔재가 발견되기도 했다.

☀ 흠집 난 프라이팬 사용은 그만!

이런 소재로 코팅된 주방용품 사용은 피하는 것이 좋다. 또한, 제조업체조차도 벗겨지기 시작하거나 긁혀서 흠이 난 경우에는 사용하지 말 것을 권한다는 것을 명심해야 한다. C8과 같은 물질이 식품에 들어가면 건강에 심각한 위험을 초래할 수 있다. 이런 주방용품을 살 때는 라벨을 눈여겨보고, 퍼플루오로옥탄산염으로부터 자유로운지 확인해야 한다.

가능하면 스테인리스 스틸, 주철 혹은 테라코타_{흙을 구워서 만든} 그릇와 같은 안정적인 재료로 만든 가정용품을 사용하는 게 좋다.

8. 플라스틱 없는 냉장고 만들기

냉장고 안에 식품을 보관하거나 냉동시킬 때 투명 랩, 알루미늄포일 혹은 냉동 비닐백을 사용하는 것은 너무나 일상화되었다. 그러나 냉장고에 음식물을 보관할 때 플라스틱 제품 사용을 줄이는 데 도움이 되는 효과적인 다른 방법도 있다. 음식물을 취급하는 데 기본적인 원칙만 지킨다면 말이다. 다름 아닌 음식물과 플라스틱 제품의 접촉을 최대한으로 줄이는 방법이다.

그릇 재료에 관심을 기울이자

식품 보관을 위한 플라스틱 그릇은 엄격한 기준의 규제를 받는다. 용기와 마찬가지로, 불안정한 폴리머 사용을 금하고 있다. 여기서 비롯된 첨가제와 독성 물질은 식품으로 이동하여 건강에 위험을 초래할 수 있다. 문제는 일부 시장과 상점에서 이러한 기준을 지키지 않고, 식품 보관에 사용하면 안 되는 폴리머, 예를 들어 플라스틱을 분류하는 기호에서 7번212쪽 참조을 부여받은 폴리카보네이트PC 같은 물질을 이용해 제작한 식품 보관용 용기를 팔고 있다는 것이다.

유리가 최고!

유리는 식품을 보존하는 데 가장 좋은 용기이므로 가능하면 이것을 선택하는 것이 좋다. 내구성이 뛰어날 뿐만 아니라, 용기를 교체하지 않고도 음식을 데울 수 있다. 잼 등의 식품을 보관한 빈 유리병은 절대 버리지 말자. 빈 병은 식사 후에 남은 소스나 액체로 된 스튜를 담아 냉장고에 보관할 때 정말 유용하다. 그뿐만 아니라, 도시락을 가지고 다니는 사람들에게 유용하다. 게다가 나사캡이 있어 액체로 된 식품을 가방이나 배낭에 넣어 운반할 때도 쏟거나 샐 위험이 없다.

친환경 지퍼백도 있어요!

가장 건강하고 지속 가능한 선택은 사탕수수 찌꺼기로 만든 식품 보관용 지퍼백이다. 이 지퍼백은 질길 뿐만 아니라, 수명이 다 되어 폐기할 때도 환경을 오염시키지 않고 며칠 만에 분해되기 때문에 일반 쓰레기에 버려도 된다.

똑같은 접시 한 장을 뚜껑으로

플라스틱 랩을 사용하지 않고 접시에 남긴 음식을 효과적으로 보관하는 가장 실용적인 방법은 비슷한 크기의 다른 접시로 덮는 것이다. 우리가 덮개를 사용하는 가장 큰 이유는 공기가 들어가는 것을 막아 음식이 상하는 것을 막기 위해서다. 그래서 같은 크기의 접시를 사용하는 것이 중요하다.

🔆 종이봉투도 유용하게

과일이나 채소 조각을 냉장고에 보관할 때는 종이로 만든 빵 봉지를 이용하면 정말 유용하다. 안전하게 보관할 수 있을 뿐만 아니라 깔끔하게 정리할 수도 있다.

이런 방법들은
냉장고에 음식을 보관할 때도
똑같이 효과적이다.

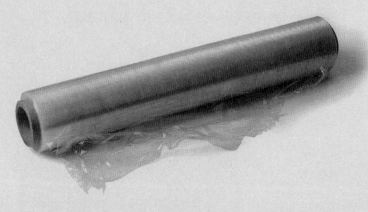

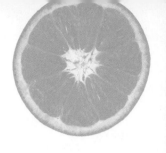

9. 주스보다는 생과일

아침 식사에 곁들이기 위해, 운동할 때, 일하다가 새참으로 혹은 여름날 더위를 날리기 위해 간식 먹을 때를 생각해 보자. 최근 몇 년간 매일 쇼핑 바구니에 담는 아주 일상화된 상품 중 하나가 용기에 담아 파는 주스다. 이는 신선한 과일로 집에서 직접 주스를 만들어 먹는, 건강하면서도 지속 가능한 습관을 한쪽으로 밀어내고 있다.

우리가 슈퍼마켓 진열대에서 발견할 수 있는 주스 종류는 거의 무한대에 가까울 정도다. 방금 짠 신선한 것, 과육만 이용한 것, 과일즙, 농축액, 우유를 탄 것, 얼린 것……. 종류와 맛, 용량이 다양하지만 이 모든 것이 한 가지 특징과 연결되어 있다. 플라스틱병이나 테트라팩으로 포장되었다는 것이다.

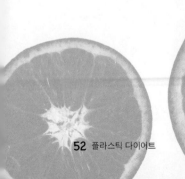

종이팩은 꼭 분리수거할 것

설탕 함량만 높고 과일 함량은 낮아서 소비를 절제해야 한다는 권장 사항 외에도, 과일 음료 소비와 연결해서 생각할 가장 큰 문제는 먹고 버린 빈 용기의 관리 문제다. 이는 재활용을 위해 반드시 재활용 통에 분리 수거해야 한다.

많은 사람이 음료용 테트라팩 상자라고 부르는 용기는 75%의 마분지, 20%의 플라스틱폴리에틸렌, 5%의 알루미늄 등으로 만들어진다. 이런 종류의 용기는 성분과 구조적인 특징 때문에 재활용이 정말 어려웠는데, 최근에 각각의 성분을 분리해서 이를 최초의 원자재로 되돌릴 수 있는 공정이 개발되었다. 그러나 이를 위해서는 반드시 이런 용기를 꼭 재활용 통에 넣어야 한다.

☀️ 주스를 직접 만들어 마시자

포장된 주스는 절대로 과일을 대체할 수 없으며, 대체하게 해서도 안 된다. 하루에 직접 과일 다섯 조각을 먹는 것은 정말 건강에 좋은 습관이다. 그렇지만 포장된 주스 다섯 개를 먹는 것은 절대로 건강한 습관이 아니다. 그러므로 우리 건강과 환경을 위해서라도 직접 주스를 만들어 먹는 것이 바람직하다.

☀️ 꼭 주스를 사야 한다면 대용량으로

공장에서 만든 주스를 사야 한다면 가능하면 크기가 작은 미니 병이나 미니 팩 것은 피하고 유리병이나 대용량 용기에 담긴 것을 고르는 것이 좋다. 낮에 먹을 용도로 미니 팩을 구매하는 것보다는 대용량 드럼통이나 작은 병을 채워 마시는 것이 훨씬 지속 가능한 행동이니까.

10. 수세미를 현명하게
    사용하는 방법

　수세미는 주방에서 가장 사용 빈도가 높은 도구로, 시중에 나
와 있는 대부분이 플라스틱 섬유로 만들어진다.

　독일 기센Giessen 대학의 연구원들이《과학 리포트 저널Journal
of Scientific Reports》이라는 과학잡지에 발표한 보고서에 따르면,
이런 종류의 플라스틱 수세미를 사용하여 음식 보관 용기나 음
식을 조리하는 프라이팬, 냄비를 닦을 경우, 변기보다 더 많은 박
테리아를 키우게 될 수 있다. 웩!

매주 새 것으로 바꾸기

켜켜이 쌓인 설거지 그릇 문제를 해결하기 위해서 최소한 일주일에 한 번은 새것으로 바꿔야 한다. 하지만 이는 정말 터무니없는 일이라는 생각이 든다. 재활용 가능성이 전혀 없는 쓰레기를 만들어 내니까. 그러므로 이러한 것은 절대로 분리수거함에 넣어서는 안 된다.

쓰레기 관리 문제뿐만 아니라, 플라스틱 수세미나 스펀지 사용으로 인해 야기되는 가장 중요한 환경문제는 조금씩 마모되면서 싱크대 배수구를 통해 엄청난 양의 플라스틱 미세입자를 이 책 여러 곳에서 언급하고 있는 미세 플라스틱 직접 배출하는 것이다. 이러한 플라스틱 미세입자는 정화시설에서 걸러지지 않기 때문에 결국은 바다로 흘러 들어가게 된다.

> 🔅 미세 플라스틱으로부터 안전한 천연 수세미
>
> 풀이나 루파천연 수세미와 같은 식물로 만든 식물성 수세미나 스펀지는 정말 좋은 대체재다. 천연 섬유로 되어 있어 어떤 종류의 오염물도 방출하지 않을 뿐만 아니라, 완전히 생분해된다. 따라서 이런 것은 안심하고 일반 쓰레기로 버려도 된다.

💡 나무로 만든 천연 솔

야자나무나 대나무 섬유와 같이 나무에서 재료를 뽑은 천연 솔이 있다. 건강에 좋은 것이어서 얼마든지 과일이나 채소를 씻는데 사용할 수 있다.

💡 인터넷 검색 활용하기

인터넷에서는 우리가 아는 것보다는 훨씬 더 저렴하고 가성비가 높은 대안을 찾을 수도 있다.

욕실에서

11. 내 몸에
플라스틱이 닿지 않도록!

욕실은 집에서 플라스틱 용기를 가장 많이 쌓아놓는 곳이다. 개인위생 용품, 미용용품, 화장품, 일차적으로 사용할 수 있는 구급약 상자, 약품 상자 등을 들 수 있다.

샤워에 초점을 맞춰 본다면, 우리가 주로 사용하는 제품엔 젤, 샴푸, 미용 팩, 합성 스크러브 등이 있다. 만약 우리가 샤워보다 목욕을 더 선호한다면, 용기에 든 제품 목록이 더 증가할 수 있다. 예컨대 오일, 무스, 목욕용 소금 등이 여기에 추가될 것이다.

욕실 용품은 간단하게

피부에 손상을 주지 않는 범위 내에서 샤워하려면 빈도가 어느 정도여야 적당한지에 대한 논쟁은 차치하고, 규칙적으로 샤워하거나 목욕할 특권을 가진 사람도 쓰레기로 배출되는 다 사용한 포장 용기나 포장재의 양을 의식하기 시작하면, 골치가 아프지 않을 수 없다.

일단 다 사용하면 이 모든 용기는 재활용할 수 있다. 아니, 반드시 재활용해야 한다. 이를 위해서는 플라스틱 재활용 통에 버려야 한다. 그 전에 우리는 반드시 플라스틱 소비를 줄여야 하고 줄일 수도 있다. 우리 손이 닿는 상품에 다양한 대체재를 활용할 수 있고, 활용해야 한다.

🔆 포장을 적게 하고

개인위생 용품을 선택할 때, 포장 재료가 적게 들어간 제품을 선택하자. 포장재 제조에 들어가는 환경 비용과 재활용 가능성 등을 냉정하게 평가해야 한다. 예를 들면 여러 가지 상품을 모은 전형적인 선물 세트를 들 수 있다. 커다란 마분지 상자에, 무엇이 들어 있는지 살펴볼 수 있게 플라스틱 창을 만든 선물 세트 말이다. 대체로 선물 상자 안에는 또 작은 마분지 상자와 플라스틱 투명 포장들이 들어 있다. 그럴듯하게 보여야 선물하기에는 좋을지도 모르겠다.

🔆 액체보다는 고체용품으로

전통적인 비누는 액체로 된 젤과 똑같은 기능이 있지만, 플라스틱 병에 들어가지 않는다. 그러나 젤 중에도 원래 용기에 다시 채울 수 있는 제품이 있다. 플라스틱을 최대 80%까지 줄여 만든 훨씬 가벼운 용기로 교체한 건데도 말이다.

💡 덜어 쓰는 제품도 찾아보자

날이 갈수록 유통업체도 대용량 목욕용품을 낱개로 쉽게 구입할 기회를 더 많이 제공한다. 개인용 병이나 밀폐 용기를 가지고 다니자. 샤워할 때 각질 제거 크림을 사용한다면 가장 좋은 대안은 100% 천연 스펀지로 대체하는 것이다. 이것이 훨씬 건강에 좋을 뿐만 아니라 생태 차원에서도 바람직하다.

💡 천연 화장품 체험에 도전!

전통적인 화장품에 대한 최고의 대안으로는 천연 화장품을 경험해 보는 것이다. 꿀, 아보카도, 계란, 올리브유, 요구르트 등으로 만들어 머리카락에 영양을 공급하면서 부드럽게 해 주는 헤어 팩에 대한 이야기를 한 번 이상 들어 봤을 것이다. 집에서도 간단히 만들 수 있으며, 최고의 지속 가능성을 보장한다.

샴푸, 거품 목욕 용품, 향수, 탈취제 등은
포장재가 적게 사용된 제품을 선택하자.

12. 생태적으로 치아 관리하기

　개인위생을 잘 유지하면서도 플라스틱 사용을 줄이려면, 먼저 위생과 건강을 올바르게 유지할 방법을 따라야 한다. 따라서 치아 위생과 관련된 것들을 분석하기에 앞서 우리 필요에 가장 잘 부합하는 재료를 사용하는 것이 좋다.

　치과의사가 식사 후 반드시 이를 닦을 것과 3개월마다 칫솔을 바꾸라고 권한다는 사실, 치약과 칫솔 대부분이 플라스틱으로 만들어졌다는 사실을 고려한다면, 이것이 우리의 실천이 가장 절실한 분야 중 하나라는 것은 분명하다.

칫솔은 재활용할 수 없다

일반적인 칫솔과 전동 칫솔 모두 플라스틱으로 만들어졌다. 이 분야에서 나온 통계 자료에 따르면 스페인에서만 연간 2억 개의 전동 칫솔 헤드와 칫솔이 팔린다. 통계 자료상 치약 판매량은 이보다 열 배 이상은 될 것이다.

튜브 치약 뚜껑은 재활용할 수 있지만, 칫솔과 전동 칫솔 헤드는 분리 수거 시스템에 적용되지 않으므로 일반 쓰레기통에 버릴 수밖에 없다.

치실의 경우 밀랍이 첨가된 천연 실크 제품을 선택하고, 절대로 변기에 버리면 안 된다. 너무 질겨서 하수처리장에서 처리하는 데 골머리를 앓는 것 중 하나다.

> 💡 여행 갈 때는 개인용 칫솔과 치약 챙기기
>
> 여행을 다닐 때는 언제나 칫솔과 치약을 가지고 다녀야 한다. 호텔 같은 숙박업소에서 제공하는 일회용 칫솔과 치약 사용을 거부해야 한다. 이를 사용하면 재활용되지 않는 쓰레기가 증가할 수밖에 없다.

☀️ 생분해 잘되는 칫솔 고르기

필요할 때면 언제나, 나무나 대나무 같은 천연 모로 만든 칫솔을 사용하자. 비록 재활용할 수는 없지만, 아주 짧은 시간에 생분해되어 친환경적이다.

☀️ 고체 치약은 어떨까?

플라스틱 튜브에 든 치약을 대신할 대안이 적지 않다. 100% 천연 물질이나 중탄산염으로 만든 고체나 분말로 된 치약을 사용할 수 있다. 이것이 훨씬 친환경적일 뿐만 아니라 경제적이기도 하다.

13. 화장품에 들어 있는
   미세 플라스틱

이를 닦을 때 치약에서 느낄 수 있는 고체 입자와 각질 제거 효과가 있는 욕실용 젤, 각질 제거 크림에 든 모래 알갱이 비슷한 것은 사실 아주 작은 플라스틱 조각이다. 용기나 가방 그리고 우리가 이 책에서 이야기하는 많은 제품을 만들 때 쓰는 바로 그 플라스틱과 같은 재료다.

화장품과 세제에 너무 많이 사용해, 한번 쓰레기가 되면 생각지도 못한 지구 오지에서조차 나타나기도 한다. 예를 들어, 북극해에서 채취한 해수 표본 1L에서 12,000개 이상의 미세플라스틱 입자가 검출되었다.

먹으면 안 되는 미세 플라스틱이 어떻게 식탁 위까지?

폴리에틸렌, 폴리프로필렌 혹은 메타크릴레이트 등과 같은 폴리머로 만든 이런 종류의 가장 미세한 플라스틱은 인간의 머리카락만큼이나 가늘게 만들 수 있다. 그래서 하수구를 통해 흘러나가게 되면 하수처리장에 가더라도 폐수에서 이를 제거할 수 없어서 결국 환경을 오염시킨다.

문제는 이 미세 플라스틱 입자들이 다른 모든 것과 함께 바다로 흘러 들어가면, 부유 입자가 되어 물에 퍼져서 일종의 플라스틱으로 된 미세 플랑크톤을 형성한다는 것이다. 이를 먹이 사슬에서 가장 아래 있는 작은 생물이 섭취하고, 여러 단계를 거쳐 결국 우리 식탁에 올라오는 물고기들을 오염시킨다. 그러나 심각성은 여기에서 끝나지 않는다.

이런 유형의 오염에 대한 가장 최근의 보고서에 의하면, 우리가 음식에 사용하는 바닷소금과 심지어 마시는 물에도 미세 플라스틱이 존재한다는 사실을 알 수 있다. 상황이 너무 심각하다 보니, 많은 나라에서 미세 플라스틱이 들어간 제품을 생산하고 판매하는 것을 금지하기 위한 특별법을 제정했다. 이러한 결정이 전 세계적으로 퍼질 때까진 우리가 미세 플라스틱의 확산을 막기 위해 적절히 조치해야 한다.

🔅 꼼꼼히 따져 보는 수밖에

화장품을 사기 전에 반드시 구성 성분에 미세 플라스틱이 있는지, 혹은 셀룰로스, 나무, 곡물류와 같이 생분해되는 물질로 만들어진 미세구체로 대체되었는지를 확인해야 한다. 점점 많은 회사가 이와 같은 대안에 투자하고 있다. 상품에 붙은 라벨을 잘 읽어 보자. 각질 제거 크림의 경우, 가장 단순하고 실용적인 것은 말총으로 만든 장갑이나 아주 옛날부터 사용해 온 속돌경석 같은 것이다. 이 두 가지는 100% 자연산으로 친환경적인 제품이다.

14. 변기는 휴지통이 아니다

가장 심각한 환경문제 중 몇 가지는 우리가 심각하게 생각하지 않는 일상적인 행동에서 비롯된다. 그중 하나는 주변 환경에 아주 유해한데도 너무나 일상화된 것으로 화장실 변기를 휴지통처럼 사용하는 것이다. 변기는 우리가  버린 모든 것이 변기 물을 내림과 동시에 초공간으로 사라지는 블랙홀 같은 것이 아니기 때문이다. 우리가 변기에 버리는 물건 대부분은 바다로 흘러 들어가고, 조만간 해변에 밀려와 쌓임으로써 우리의 무책임함을 적나라하게 드러낼 것이다.

생분해된다는 말을 그대로 믿지 말 것

집안에서 사용하는 위생용품부터 유명 회사제품인 비데 물티슈까지 생분해되지 않는 단단한 고형 쓰레기를 수세식 변기에 버리는 것은 파이프에 심각한 손상을 야기할 뿐만 아니라, 정화 시설과 하수처리 시스템의 효율성을 떨어뜨리고, 결국 자연에 버려지게 된다.

물티슈의 경우가 특히 심각하다. 물티슈는 폴리에스터와 유사한 플라스틱으로 만들어져 분해되는 것을 막을 뿐만 아니라, 하수도를 막아 결국 오물 속에서 살아가는 거대한 벌레들, 다시 말해 시궁창에 사는 괴물이 길거리의 맨홀 뚜껑으로 기어 나올 수도 있다.

그러므로 생산자가 용기에 생분해성이라고 표시하더라도 우리는 절대로 함정에 빠지지 않아야 한다. 어떤 조건을 갖추어야 생분해되는지, 생분해되는 데 시간이 얼마나 걸리는지 등을 알아야 한다. 생분해성이란 단어만큼 모호한 개념은 없으며, 물티슈를 제조하는 유명 회사는 소비를 진작하기 위해 이러한 모호성을 적극적으로 활용한다. 그러나 이는 거짓말이고, 절대로 변기에 버리면 안 된다. 화장을 지울 때 사용하는 거즈나 세제, 특히 화장실 세제는 절대로 변기에 버리면 안 된다.

🔆 화장지는 휴지통에

첫 번째 선택지는 소비를 줄이는 것이다. 비데처럼 수세식 변기 자체에 청결을 유지할 수 있는 메커니즘이 딸린 신세대 위생시설을 구비하는 것도 좋다. 이는 쉽고 깨끗하고 편안할 뿐만 아니라 지속 가능한 방법이다. 그러나 이러한 것을 사용하는 경우에도, 반드시 양치 컵 옆에 양동이나 휴지통 같은 뭔가 버릴 수 있는 통을 놔둬야 한다. 그래야 변기에 버리고 물을 내리면 모든 것이 사라진다고 믿던 나쁜 습관을 고치고, 여기에 여러 가지 물건을 버릴 수 있다.

15. 면봉 사용하지 않기

귀 청소용 면봉처럼 언뜻 보았을
때 전혀 해가 없을 것처럼 보이는
것들이 폐기물 관리에 심각한
문제를 야기한다. 플라스틱
빨대와 마찬가지로, 면봉 역시
전 세계에서 하루에 수백만 개씩
최악의 방법으로 즉, 변기에 버려지고 있다.

그뿐만 아니라 위생적인 관점에서만 봐도 면봉 사용은
절대로 의사들이 권하지 않는다. 귀 위생에 이바지하는 바도
없으면서 잘못하면 고막에 상처가 나거나 귀 안쪽 피부에
감염과 같은 심각한 병을 유발할 수도 있기 때문이다.

우리 귀에 문제를 불러일으키면서 환경에도 심각한 영향을
미친다.

면봉이 일으키는 골치 아픈 문제들

우리가 변기에 면봉을 버리면 폐수 정화처리 시설에 심각한 문제를 일으킨다. 1차 처리를 맡는 침전지에 흘러들면 결국 엄청난 부유물 층을 형성하여 환경 장비에 효율성을 떨어뜨릴 뿐만 아니라, 값비싼 장비를 파손하는 문제까지 일으킨다. 그리고 효과적으로 통제하기가 어려워 바다나 해변으로 흘러간다.

한마디로 면봉은 우리 귀에 문제를 일으킬 뿐만 아니라 폐기물로 버릴 때는 환경에 심각한 영향을 미치는 것으로 악명이 높다. 그런데 왜 이런 것을 만들까? 슈퍼마켓 진열대에서 이것을 치우기 위해 언제까지 더 기다려야 하는 걸까?

🔅 '면봉을 바꿔라' 캠페인

프랑스는 제조업체의 항의에도 불구하고, 정부가 2020년부터 면봉 판매를 금지하는 법안을 통과시켰다. 영국에서는 환경운동가와 소비자 단체들이 수년째 면봉 사용 금지를 요구하고 있다. 이들의 '면봉을 바꿔라' 캠페인은 주요 슈퍼마켓 체인점 진열대에서 면봉을 치우게 만들었다.

💡 거즈를 사용해 보자

귀지로 귀가 막히는 것을 예방하거나 귀지를 제거하기 위해 물이나 거즈로 귀를 씻어 내거나 정기적으로 이비인후과를 방문하는 것이, 면봉을 소비하지 않는 가장 좋은 방법이자, 건강을 위한 최고의 방법이다.

옷장에서

16. 옷을 사기 전에 생각할 것

PFC. 이는 아노락이나 플라스틱으로 가공된 비옷을 사려고 할 때 반드시 피해야 할 것을 약자로 나타낸 것으로 '과불화 화합물'을 의미한다.

아웃도어 의류를 제조하는 업체들은 방수 및 방충 기능 때문에 소위 '퍼플루오로'화된 일종의 화학 합성 섬유를 사용한다. 그러나 이러한 합성 물질은 환경과 인간의 건강에 가장 해로운 물질 중 하나다.

PFC는 원래 자연에선 존재하지 않는다. 최근에 자연에서 점점 많이 발견 되고 있는데, 그것은 인간이 전 지구에 이 물질을 대량으로 살포하고 있기 때문이다.

기능성 제품을 살 때

플라스틱 가공품의 흔적이 생태계 가장 깊숙이 감춰진 곳에서, 다시 말해 가장 높은 산봉우리와 바다 한가운데 가장 깊은 곳에서까지 발견되고 있으며, 자연환경에서 가장 덩치가 큰 고래부터 가장 크기가 작은 곤충에 이르기까지 생태계의 건강과 생물 다양성에 영향을 미치고 있다. 그리고 우리 몸 역시 이로 인한 오염에서 벗어날 수 없다.

역학 조사에 따르면 PFC가 거의 모든 혈액표본 분석에서 나타나고 있다. 이 물질은 인간의 혈액에 축적되는 경향이 있으며, 특히나 갑상선과 생식 계통에 엄청난 영향을 미친다.

라벨에 이런 표현이 있는지 찾아보라!
'PFC Free'

PFC FREE

지금은 100% PFC를 사용하지 않고도 방수 처리를 하는 다양한 방법이 존재한다. 덕분에 똑같은 기능을 갖추고 있으면서도 환경을 해치지 않는 방수 의류를 제작할 수 있다. 후드 티셔츠나 등산용 의류와 장비를 사기 전에 라벨을 살펴보고 'PFC Free'라는 문구가 있는지 확인하는 것만으로도 충분하다. 환경을 책임지는 자세를 보이는 브랜드는 이미 의류에 이 로고를 사용하기 시작했다.

17. 재활용 플라스틱을 입자

　　에코디자인은 환경을 존중하는 제품을 설계, 개발 및 제조하는 등의 책임감을 보여 주는 좋은 방법이다. 에코디자인을 폐기물 관리에 적용하는 이유는 제품의 전체 생애 주기, 다시 말해 제품을 생각하고 디자인할 때부터 생산하고, 상품화하고, 사용하고 값진 삶을 마칠 때까지 폐기물이 나오는 것을 방지하고 줄여 나가는 데 있다. 그러나 우리는 한 걸음 더 나아가 폐기물까지도 에코디자인 할 수 있다.

　　최근 패션쇼에서 우리를 가장 놀라게 한 것은 병, 광고용 현수막, 차양, 폐타이어, 어망 등과 같은 플라스틱 폐기물을 가공해서 만든 의류와 액세서리 컬렉션이다. 우리는 이를 '업사이클링'이라고 부르는데, 재활용을 유행시키고 있다.

수십 톤의 버려진 어망이 옷으로 바뀌었다.

재활용 플라스틱을 입어서 해양 오염을 막자

바다에 버려진 어망은 바다 생물들을 죽음으로 몰아넣는 덫이 되어 바다 생태계에 환경 차원의 심각한 영향을 미친다.

매년 수십만 마리의 물고기, 거북이, 새, 해양 포유류가 그물에 걸려 죽는다. 유엔 환경 프로그램UNEP에 따르면, 바다에 쌓이는 전체 플라스틱 폐기물 중에서 이런 종류의 쓰레기가 10% 이상 차지할 뿐만 아니라, 가장 질긴 플라스틱 섬유로 만들어졌기 때문에 분해되는 데도 시간이 엄청나게 소요되어 심한 경우 천 년까지 걸린다.

그러나 잘 회수하여 적절한 방법으로 처리하면 이런 종류의 폐기물을 고품질 원사로 바꿀 수 있고, 이를 이용해 고품질의 기능성 의류를 제조하는 질긴 섬유를 만들 수 있다.

🔅 재활용 플라스틱으로 만든 옷으로 업사이클!

많은 브랜드가 이미 재활용 플라스틱에서 출발한 의류 컬렉션을 개발하고 있다.* 이런 유형의 제품을 선택하면 플라스틱 오염 문제를 해결하는 두 가지 핵심 요소, 즉 순환경제와

---

* 우리나라에도 재활용 플라스틱을 이용해 의류나 패션 잡화를 개발하는 브랜드로, 비건타이거(VEGAN TIGER), 플리츠마마(PLEATS MAMA) 등이 있다.

에코디자인 개발을 도울 수 있다. 등산 전문가들 사이에서 엄청난 명성을 누리는 스페인 바스크 자치주 브랜드인 테르누아Ternua는 바스크 어민회의 도움을 받아 바다에 버려진 어망을 수거해 만든 재활용 나일론을 이용한 레드사이클Redcycle이란 이름의 직물로 아웃도어를 만들고 있다.

18. 지속 가능한 천연 섬유 의류

합성 섬유로 만든 의류는 우리 몸에 알레르기 반응을 일으킬 수 있다. 또한, 제조 과정에서 작업자에게 질병을 유발하고 자연환경에 독성 물질을 방출할 수 있는 화학 합성물이 사용된다. 그러므로 천연 섬유로 만든 옷감을 가공한 의류를 선택하는 것이 정말 중요하다.

면화, 아마포리넨이라고도 함, 양모, 실크견, 비단 등으로도 부름, 삼베……. 천연 섬유로 만든 의류는 색상이나 질감을 뛰어넘어 여러 가지 장점이 있다. 양모는 관절염 같은 질병에 치료 효과도 있다. 유기물로 만들었다면, 지속 가능하고 친환경적인 제품이라고 보장할 수 있다.

생태 발자국을 남기는 옷

의복에 적용된 생태 발자국 개념은 제조에 사용된 에너지와 천연자원의 양을 나타낸다. 폴리에스테르를 사용한 의류의 생태 발자국은 유기농 면화로 만든 것보다 네 배 정도 더 크다.

그리고 이 책에서 이야기하는 다른 제품들과 마찬가지로 합성 섬유를 사용하여 무엇인가를 만든다는 것은 환경에 존재하는 미세 플라스틱의 양을 엄청나게 증가시키는 것이나 다름없다.

외출복이나 실내복을 만드는 데 사용한 이런 종류의 옷감은 사용할 때나 세탁할 때 상당한 양의 미세플라스틱이 강이나 바다로 흘러 들어가, 결국 인간이 한 부분으로 끼어 있는 먹이 사슬에 합류하게 된다.

🔆 성분을 꼭 확인하자

판매되는 의류에는 라벨이 붙어 있으며, 여기에는 제조에 사용된 섬유의 성분이 표시되어 있다. 이 정보를 참조하는 것은 옷의 크기나 색깔을 선택하는 것 못지않게 중요하다.

🔆 환경에 좋은 유기농 소재

특히나 옷감의 생태 생산 증명서가 첨부된 유기물로 만든 천연 섬유라는 사실을 밝히는 라벨이 붙어 있다면 긍정적이다. 리넨이나 면 같은 소재는 통기성이 매우 좋고, 위생적이며, 쾌적하고, 부드러우며, 알레르기나 피부 자극을 막아 준다. 그러므로 인간뿐만 아니라 환경에도 좋다.

19. 나눠 입고, 바꿔 입는 옷

'프로그램 된 노후화'라는 개념이 패션계에 도입된 지 상당히 많은 시간이 흘렀다. 전기 및 전자 제품을 생산하는 회사가 제품 수명을 단축하여 더 많은 소비를 유발하는 것과 마찬가지로, 패스트 패션 브랜드들 역시 대부분 합성 섬유로 만들기 때문에 옷감의 질이 떨어지고, 옷감이 쉽게 마모되어 다시 새 옷을 사게 하는 방법을 사용하고 있다.

패스트 패션 = 지속 불가능한 패션

　패스트 패션은 최악의 카테고리에 들어가는 섬유를 섞어 만든 저질의 옷을 말한다. 이들 대부분은 플라스틱 섬유로 만들어, 제조업체가 저가에 판매할 수 있도록 황당한 제조원가를 가진 제품이다.

　이로 인해 섬유 폐기물이 쓰레기통에 넘쳐날 뿐만 아니라, 가정에서 발생하는 폐기물의 5% 정도를 차지한다. 그런데도 의류

소비를 줄여 플라스틱을 줄이겠다는 생각을 하는 사람은 별로 없다. 우리 쓰레기 중에서 통제되지 않는 부분임에도 이를 의식화하려는 캠페인 또한 많지 않다.

패스트 패션 매장의 진열대가 보여 주는 옷을 입지 말고, 당신 마음에 드는 옷을 입자. 브랜드가 강요하는 흐름에 빠지지 말고.

💡 가장 중요한 것은 옷감의 질

'무엇을 건질까?' 하는 마음에 저가의 대형 의류 매장에 절대 가지 마라. 자기만의 스타일을 만들어 디자인보다는 옷감의 질을 보고 옷을 골라야 한다. 싸구려 옷은 당신과 지구에 비싼 대가를 치르게 한다. 그리고 양보다는 질을 우선시해야 한다. 두 개만 있어도 충분한데 왜 옷장에 여섯 개나 되는 저품질 옷을 걸어두고 있는가 생각해 보아야 한다. 두 벌에 돈을 조금 더 투자하면 더 오래 입을 수 있다.

💡 나눠 입는 옷은 어떨까?

중고 가게에 가서 옷을 입어 보자. 점점 선택지가 늘어나고 있으며, 정말 특별하고 독창적이면서도 지속 가능한 제품을 찾을 수 있다. 이미 한 번 사용했음에도 불구하고, 두 번째 생명을 얻게 되었기 때문이다. '아름다운 가게'와 같은 사이트에서 옷을 교환할 수 있는 단체의 주소를 찾아볼 수 있다. 이들 단체는 소규모 가게, 협동조합, 연대에 기초한 지속 가능한 가게라는 진취적 정신을 담보한 형태를 가지고 있다.

💡 바꿔 입거나 물려주기

특정 토요일 아침을 선택하여 직장이나 학교에서 친구들과 함께 중고 의류 시장을 열 수도 있다. 청소년은 친한 친구들과 옷을 바꿔 입기도 한다. 지금도 키가 다른 친구와 함께 바꿔 입음으로써 정말 마음에 드는 운동복을 입게 될 수도 있다. 체격이 비슷하다면 형제끼리 옷을 바꿔 입을 수도 있다. 치수나 스타일이 맞지 않아 옷장에서 꺼내지도 않는 곳 등은 친척에게 물려주자. 계산대를 거치지 않고도 그리고 포장 상자로 집을 가득 채우지 않고도 계속해서 새로운 옷을 입을 수 있는 방법이다.

20. 플라스틱과 나프탈렌 없는 옷장

계절에 따라 옷을 갈아입을 때 플라
스틱 상자에 넣어 옷장에 보관할 필요
가 없다. 이렇게 하면 불필요한 공간 손실
이 많고 의류가 짓눌려 옷감이 상한다. 직접
선반에 걸어놓거나 옷걸이에 걸어 두는 것이
훨씬 좋다.

좀벌레를 막기 위한 나프탈렌 사용도 권하지 않는다. 이러한
유형의 나방은 일반적으로 옷 사이에 알을 낳기 위해 옷장에서
가장 편안하면서도 건조한 바닥을 선택하는데, 알이 부화해 애
벌레가 나오면 옷을 먹는다. 이는 분명 짜증 나는 일이다. 그런데
이 벌레를 잡는 나프탈렌이 독성이 강한 석유 추출물이라는 점
은 더 짜증나게 한다.

좀벌레보다 나쁜 좀벌레약

나프탈렌은 가장 논란이 많은 플라스틱 폴리머 중 하나인 폴리염화비닐 혹은 PVC 가공에 사용되고, 집 안에서는 좀벌레약으로 사용된다. 이는 우리 자신과 환경의 건강을 위해 반드시 버려야 할 습관이다.

라벨 중에, 주황색 바탕에 검은색 X 표시와 죽은 물고기가 그려져 있는 로고는 우리에게 무엇인가를 경고하는 것이다. 우리는 좀 더 자연스러운 대안을 찾아야 한다.

좀벌레는 후추 냄새를 참지 못한다! ↖

💡 향기로운 좀벌레약 만들기

가장 좋은 대안은 레몬이나 오렌지의 껍질을 말린 다음 면직물로 만든 작은 자루에 넣고 꿰매, 옷걸이에 걸어 두는 것이다. 바질이나 박하 잎을 말려 사용해도 좋다.

🔆 좀벌레엔 후추가 직효!

검은 후추 열매를 구멍을 뚫은 나무 상자에 넣어 옷장 구석에 놔두는 것도 좋다. 좀벌레는 후추 냄새를 참지 못한다.

🔆 편백나무 오일도 좋다

삼나무에서 추출한 에센스 오일을 사용할 수도 있다. 전통적인 가게에서는 구하기가 어렵겠지만 천연 제품을 주로 취급하는 가게에선 쉽게 구할 수 있다. 면직물을 오일에 적신 다음, 옷장 깊숙한 곳에 작은 접시를 놓고 올려놓으면 된다.

사무실에서

21. 환경 친화적인 사무실로 만들자

플라스틱 제품이 가장 많이 사용되는 분야는 사무실 소모품이다. 볼펜, 사인펜, 접착 테이프, 지우개, 파일, 문서 보관함, 계산기, 스테이플러, 연필꽂이, 잉크카트리지, 토너 등을 들 수 있다. 플라스틱 제품 목록은 끝이 없다.

이들 대부분은 PVC와 같은 폴리머로 만들어져 재활용하기 어렵다. 그뿐만 아니라, 여기에서 나온 폐기물은 사용이 끝난 빈 용기들을 수거하는 관리 시스템에도 포함되지 않아, 재활용 수거함에 버릴 수도 없다.

충동 구매를 피하자

책상이나, 사무실 서랍에 플라스틱 볼펜이 몇 자루나 있는지 확인해 보자. 정말 그렇게 많은 볼펜이 필요할까? 이 볼펜을 다 쓰지도 못하고, 상당수는 잉크가 굳어서 버릴 것이다. 이것들을 사기 위해 돈을 냈을 텐데 말이다.

사무용품, 필기구 등의 가장 큰 문제는 가격이 싸기 때문에 함부로 낭비하는 경향이 있다는 것이다. 그러므로 대체재를 이야기하기 전에 낭비 예방을 위한 노력을 해야 하고 최대한 구매를 줄여야 한다. 다시 말해 사무실에서 진짜 필요한 물건만 사라는 뜻이다.

💡 필요한 물품만 살 것

다 쓴 물품을 확인하고, 이 목록에 따라 다음 주문을 해야 한다. 하나 가격에 다섯 개를 준다는 제안으로 유혹하더라도 넘어가선 안 된다. 바로 이것이 플라스틱 제품 낭비를 부르는 공식이다.

💡 재활용 카트리지 이용하기

프린터나 복사기는 재활용 카트리지를 이용하고, 빈 카트리지 역시 반드시 재활용하자. 가능하면 재충전할 수 있는 제품을 선택하고 일회용품은 피하자.

💡 여러 번 사용하고

파일이나 바인딩 철과 같은 사무용품의 경우, 진정한 의미에서 수명이 다할 때까지 또는 재사용할 때까지 사용 가능 햇수를 연장하는 책임감 있는 사용 자세가 폐기물을 줄일 수 있는 가장 좋은 방법이다.

🔅 플라스틱 대체품도 좋다

재활용품이나 플라스틱 대체품을 선택하자. 현재는 재활용 페트병으로 만든 볼펜, 재활용 마분지로 만든 문서 보관함, 인증된 목재로 만든 다양한 소모품이 있다.

🔅 사은품 제작은 신중히

회사 홍보용품을 선택하는 자리에 있다면, 볼펜, 파일, 지갑, 또는 일상적으로 제공하는 플라스틱 제품은 절대 제작하지 마라.

🔅 포장재를 최소화할 것

당신이 사무용품을 구매하는 담당자라면, 최소한으로 포장해서 건네 달라고 요구하자. 그리고 용기와 포장재는 반드시 해당 재활용 분리수거함에 버리자.

22. 자판기, 사용하거나 대체하거나

자판기로 알려진 식품 자동판매기는 역, 공항, 병원, 학교, 체육관, 사무실 등의 공공장소와 작업장까지 공격적으로 파고들었다. 없는 곳이 없다고 해도 과언이 아니다!

자판기 커피의 경우 플라스틱 빨대나 수저와 함께 일회용 종이컵에 담아 나온다. 우리가 이런 플라스틱 물질을 낭비하는 가장 좋은 사례이기도 하다.

건강하고 균형 잡힌 다이어트를 하기 위해 우리에게 제공되는 제품이 얼마나 건강에 해로운지를 따지기 전에 우리가 플라스틱을 다이어트 하기 위해선 절대 이런 자판기를 사용해선 안 된다.

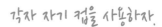

각자 자기 컵을 사용하자.

자판기 옆에 분리수거함 설치하기

전용 용기로 포장한 샌드위치, 빵 공장에서 생산하는 각종 빵, 다양한 종류의 과자 및 스낵, 주스 및 설탕 스무디. 커피 자판기와 마찬가지로 이 제품들 대부분이 영향이 큰가 작은가 차이가 있을 뿐 건강에 해롭다는 것은 분명하다. 그래서 이런 제품 사용에 반대하는 국제 운동이 더욱 거세지고 있다.

그러나 저항운동은 내용물을 고발하는 데 초점이 맞춰져 있으며, 자판기에서 파는 건강에 해로운 식품 판매를 금지하거나, 연대를 위한 커피를 제공해야 한다는 규범을 요구하는 것에 그치고 있다. 그런데 용기, 다시 말해 지나친 포장과 용기 사용이 불러올 환경 파괴는 까맣게 잊고 있다.

그뿐만이 아니다. 커피 자판기뿐만 아니라 식품 디스펜서의 경우 사용한 빈 포장 용기를 재활용하기 위한 폐기물 수거 시스템과 연결된 경우가 드물며, 옆에 쓰레기통을 가져다 놓지도 않는다. 사람들은 여기서 산 제품 대부분을 야외에서 소비하기 때문에, 음식을 먹고 난 후 플라스틱 포장 쓰레기를 자연에 그대로 버리게 된다.

💡 자판기 대신 과일이나 간식을 마련해 보자

우리는 자판기를 신선한 과일 바구니와 친환경적인 유기농 공동소비 식품으로 대체해 달라고 직장에 요구할 수 있다. 또, 차와 커피의 경우도 이와 비슷한 요구를 할 수 있다. 커피나 차를 마실 때 필요한 뜨거운 물을 담을 보온병이나 주스를 보관할 작은 냉장고를 사용할 수 있다. 물을 끓이기 위한 주전자를 구입하는 것은 차를 마시고 각자의 컵 사용에 익숙해지기 위한 가장 좋은 방법이다.

23. 편리한 생수병의 습격

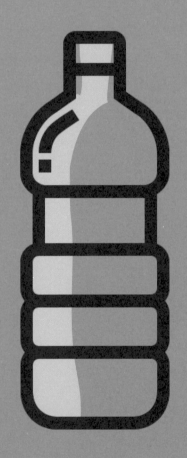

여러분은 참석자 수만큼의 플라스틱 병에 생수가 준비된 모임에 참석한 적이 있을 것이다. 모임이 끝날 무렵, 몇 사람은 반 정도를 마셨고, 몇 사람은 뚜껑을 따긴 했지만 한두 모금 정도 마셨을 수도 있다. 소수긴 하지만 손을 대지 않은 사람도 있고, 다 마신 사람, 그리고 가져간 사람도 있었을 것이다. 결국 모든 생수병을 모아 그 안에 든 물을 싱크대에 다 비운 다음, 재활용통에 버려야 했다. 이것이 최선이었다.

직장에서 소비하는 생수병이나 사무실 정수기를 이용해 물을 마실 때 하나씩 뽑아 사용하고 휴지통에 버리는 플라스틱이 코팅된 용기 역시 마찬가지다. 일과가 끝났을 때, 누군가 이것들을 수거해 쓰레기 수집 용기에 넣어 가져다 놓을 수도 있겠지만, 이것은 좋은 해결책이 아니다. 이 책에서 계속 확인하듯이 플라스틱 오염 문제는 사용을 줄이기 위한 개인적인 참여와 노력이 필요하다.

모범을 보여야 한다.
재량껏 사용할 수 있는 상황이라도
플라스틱 병에 담긴 생수는
사용하지 말아야 한다.

전 세계에서 1분당 100만 병씩 판매되는 생수

영국 일간지 《가디언》은 2017년 6월 플라스틱 오염에 관한 자체 연구 결과를 발표했다. 이 연구에서 주목할 만한 것은 전 세계에서 1분당 플라스틱에 담긴 생수가 100만 병씩, 다시 말해 1초에 20,000병 가까이 판매된다고 밝힌 것이다.

시장 동향 분석 전문 회사인 '유로모니터'가 낸 통계 자료에 따르면 2021년 세계 페트병 생산량은 5800억 병 정도였다.

이 회사에서 한 연구의 최종 결론은 충격을 안겨 주기 충분했다. 1년에 생산되는 플라스틱 총량은 거의 전 인류의 총 몸무게와 같았다.

💡 물을 마실 땐 개인 컵에!

직장에서 회의할 때는 페트병에 담긴 생수나 음료 대신, 정수기 물을 뚜껑이 있는 유리병이나 유리 주전자에 담아서 제공해 달라고 해 보자. 취향에 따라 차나 따뜻한 커피를 마시려는 사람은 개인 컵을 사용하면 된다.

💡 습관을 새로 들이자

회사 규모가 작은 경우 이런 습관 만들기가 정말 쉽지만,

수많은 사무실과 수십 개의 부서가 있는 대기업의 경우엔 정말 지기 쉬운 싸움이 될 수밖에 없다. 인사과나 총무과에 제안하여 전체 기업 차원에서 바꾸자고 요청해 보자. 만약 이것이 어렵다면, 동료들과 함께 작은 습관의 변화라도 강력하게 유도하기 위한 운동에 앞장 설 수 있어야 한다. 유리 용기와 포트를 사서 먼저 자신이 참여하는 모임에서라도 모범을 보이자. 그리고 재량껏 사용할 수 있는 상황이라도 플라스틱 생수병은 사용하지 말아야 한다.

☀ 개인 텀블러를 적극 추천합니다

개인적인 소비에서도, 직장이나 체육관에 갈 때 사용할 수 있는 다양한 형태와 크기의 리필용 병이 있다는 사실을 인식해야 한다. 물맛을 개선하기 위한 필터가 내장된 것, 보온 기능이 있는 것, 컵 없이도 차를 탈 수 있는 필터가 내장된 것도 있다. 어떤 것을 사용할지 고른 다음, 사무실에서 플라스틱 사용을 중단하자.

24. 사무용 가구는
무엇을 고려해야 할까?

우리가 사무실이나 집무실을 열었을 때_{새 차를 샀을 때도 마찬가}

<small>지다.</small> 일반적으로 느끼는 첫 번째 감각은 후각이다. 우리는 "새것

냄새가 난다."라고 이야기하는데, 실상 이것은 플라스틱 냄새다.

우리 후각 기관에 전달된 냄새는 건강에 긍정적이

지 않다. 우리가 노동 시간의 대부분, 혹은

삶의 대부분을 이와 같은 플라

스틱 가공품 천지인 환경

에서 살아야 하기 때문이다.

그러므로 사무실을 열 때나

집무실 가구를 교체할 때,

디자인이나 편안함을 고려하기

전에, 환경에 미치는 영향뿐만

아니라 건강을 보호하기 위해서라도

우리는 반드시 제품을 만들 때

사용한 소재를 고려해야 한다.

병든 건물에서 8시간을 보낼 것인가?

20년 전부터 세계보건기구는 병든 건물과 접촉하면 만성 피로, 피부병, 안과 질환, 불면증, 호흡기 질환 및 여타 질병 등으로 나타나는 알레르기 증상이 생길 수 있다는 사실을 인식하고 있었다. 이것은 잘못 접촉하면 불꽃이 튈 수도 있는 사무실 건물의 전자기장 세기와도 관련이 있다.

주거 환경 문제를 다루는 전문가들은 이러한 병리학적 현상을 '병든 건물 증후군'이란 이름으로 정리했다. 일반적으로 이 증후군으로 고통받는 사람들은 노동 시간 대부분을 잘 환기되지 않고, 합성 물질 천지에 독성 물질을 방출하는 가구가 놓인 닫힌 공간에서 일하는 노동자다.

천연 목재로 만든 건 어떨까?

당신에게 일하는 곳의 가구를 선택할 수 있는 권한이 있다면, 사무실 가구는 니스나 도장 혹은 도금하지 않은, 다시 말해 최소한으로 손을 댄 천연 목재로 된 것을 선택하라. 그리고 국제삼림관리협의회FSC 인증이 있는지 확인하자. 국제삼림관리협의회는 1993년 삼림 자원을 이용한 산업과 보호하기 위한 기관의 대표들이 모여 설립한 단체로 인증받은 목재를 지속 가능하게 사용할 수 있도록, 그리고 산림의 생물종 다양성, 생산성 및 균형을 유지할 수 있도록 노력하고 있다.

25. 휴지통 없이 일하기

많은 사무실과 작업 테이블에서 개별 휴지통을 치우기로 하는 결정을 하고 있다. 직원 스스로 자발적으로 결정하는 경우도 있고, '폐기물 감축 플랜' 같은 회사 차원의 결정에 따른 경우도 있다.

플라스틱 사용을 줄이는 데 진정으로 이바지하고 싶다면 사무실이 노동 시간 대부분을 보내는 장소이기 때문에 이러한 것을 실천할 가장 좋은 기회이기도 하다. 그러므로 도전을 받아들이고 또는 제안하고 습관을 바꿔 새로운 현실에 적응하여 작업장에서 플라스틱 사용을 줄여 나가는 것이야말로 정말 긍정적이다.

구분하지 않고 버리면 재활용도 꽝!

작업장의 시설물을 유지 관리하는 것은 청소와 연결되어 있다고 잘못 생각할 수 있다. "누군가 그것을 주울 거야." 그리고 그물건이 무엇인가에 따라 처리된다. 그러나 언제나 똑같은 것은 아니다. 작업대에 붙은 휴지통에 버린 플라스틱 쓰레기의 경우, 그것이 볼펜이건, 플라스틱 용기건, 포장재건 간에 재활용할 수없다. 다시 말해 사무실의 휴지통을 하나씩 순서대로 비워, 쓰레기를 재료에 따라 분리하는 것이 불가능하다. 이렇게 하려면 처음부터 분리해서 버려야 한다. 다시 말해 휴지통을 치우고 일하고, 만약 쓰레기를 버리고 싶으면 자리에서 일어나 해당 쓰레기통에 버리러 가야 한다.

🔅 분리수거함 마련하기

재료에 따라 쓰레기를 분리하고 각각 해당 쓰레기통에 넣는 분리수거 시스템을 마련할 것을 회사에 요구하자. 이를 요구하기 전에 어떤 종류가 어느 정도로 필요한지 간단하게 환경 평가를 해야 한다. 쓰레기통은 작업 공간에 가장 적합한 크기여야 하고 눈에 잘 띄는 곳에 설치해야 하며 이동이 어렵지 않아야 한다.

💡 휴지를 가장 적게 버린 직원에게 작은 선물을~

누가 폐기물 배출을 가장 적게 하는지, 가장 잘 분리해서 버리는지를 부서별로 경쟁할 수 있게 만들어야 한다. 물론 상도 주어야 한다.

💡 효과적인 정보는 공유하자

시스템을 계속해서 추적 관찰할 수 있어야 하며 사무실별로 쓰레기가 얼마나 줄었는지, 그리고 모든 사람의 노력으로 재활용할 수 있는 물질의 양이 얼마나 되는지 자료를 공유해야 한다.

학교에서

26 다시 볼펜 문제로 돌아와서

볼펜은 19세기 말 세상에 나왔다. 볼펜을 처음 만든 사람은 전통적인 필기구인 만년필로 인해 회계 업무에서 지나치게 시간을 낭비해야 했던 미국의 은행원인 '존 라우드'였다.

몇 년 뒤 명성을 얻은 사람은 헝가리 언론인 '라디스라오 비로 Ladislao Biro'였다. 그는 1938년 잉크로 가득 찬 튜브 끝에 아주 작은 구슬을 단 바로 여기에서 볼펜이란 이름이 나왔다. 필기구를 만들어 특허를 따냈다. 여기에서 수직으로 놓인 작은 구슬은 잘 굴러가며 글쓰기를 편하게 만들어 주는 역할을 했다.

비로가 라우드의 발명품에 특허를 낸 후, 오늘날까지 대중의 인기를 독차지한 볼펜은 전 세계에서 가장 많이 소비되는 일회용품이 되었다. 그러다 보니 이런 식으로 한 번 쓰고 버리는 볼펜이 하루에 도대체 얼마나 팔리는지 계산하기도 어려울 정도다.

다 쓰기도 전에 잉크가 말라 버리는 볼펜

중국 정부 소식통에 따르면 중국에서만 매일 1억 개 이상의 볼펜이 만들어져 이 중 80% 정도가 수출된다. 전 세계에 넘쳐나는 일회용 플라스틱의 아주 중요한 부분이 된 것이다.

전 세계에서 최고로 유명한 프랑스 브랜드인 BIC은 자사 제품 중 가장 유명한 '빅 크리스탈Bic Cristal'을 1분당 3500개씩 팔고 있다. 회사 창업자인 마르셀 비치가 이 모델을 만들기 시작했을 때만 해도, 오늘날까지 1000억 개 이상 판매할 거라고 예상한 사람은 거의 없었다.

한 번 쓰고 버리는 볼펜은 가격이 너무 싸, 예컨대 판촉용 볼펜의 경우 500원 이하여서 사용 및 소비 행위에서 보존할 필요를 느낄 만한 최저 기준에도 미치지 못한다. 테이블이나 책상 혹은 집안 서랍에 볼펜을 몇 개나 쌓아 두고 있는가? 그것 중 상당수는 잉크가 이미 말라 버렸을 것이다.

💡 연필로 문제를 해결하자

다시 연필을 사용하자는 이야기는, 천연의 지속 가능한 원재료인 목재와 흑연 두 가지를 이용하여 만든 연필에만 해당한다. 만일 플라스틱을 덧댄 연필을 선택한다면 다시 똑같은 문제에 직면할 수밖에 없다. FSC 인증을 받은 목재로 만든 연필만이 지속 가능한 생산을 보장한다. 더 이상 필기구로 쓸 수 없을 정도로 몽당연필이 된 경우에는, 연필을 땅에 심을 수 있게 씨앗을 담은 캡슐을 부착한 모델도 있다.

27. 플라스틱 다이어트는
초등학생 때부터

    아이가 초등학교에 진학할 때가 되면 책, 공책, 가방, 볼펜, 책 커버 등 학용품을 많이 구입해야 한다. 새로 사야 하는 학용품 은 정말 끝도 없어, 좋은 계획을 세워야만 책임감 있고 지속 가 능한 소비를 할 수 있다. 학교에 들어가는 것일 뿐인데 말이다.

매년 가방과 필통을 바꿔야 할까?

새 학용품을 사야 할 때

먼저 작년에 사용하던 물건을 살펴보고, 어떤 학용품을 수선하고 다시 사용할 수 있는지 확인하여 새 학용품 구입을 미루거나 포기하는 것은 지구에 인정을 베푸는 행동이다. 학용품 구입은 그 자체로 상당한 경제적인 지출일 뿐만 아니라, 환경 비용 또한 적지 않기 때문이다.

예컨대 일회용 볼펜의 재료인, 생분해되지 않는 플라스틱 성분은 재활용을 어렵게 만들어 결국 생태계에 독성 물질이 쌓이게 한다.

🔆 학용품부터 플라스틱 제로에 도전하자

재활용되거나 플라스틱 대체 물질로 만든 물품을 선택하자. 재활용된 병으로 만든 볼펜부터 친환경적인 녹말풀이나 목재로 만든 눈금자나 삼각자까지, 정말 많은 선택지가 있다. 스스로 집에서 플라스틱 성분이 없는 100% 천연 제품을 기초로 색 점토를 만들 수 있다.

🔆 책커버를 싸야 한다면

접착성 플라스틱으로 책 표지를 보강하는 것은

학기가 끝날 때까지 책을 깨끗하게 사용할 수 있게 도와주는 것은 분명하다. 이 경우 재사용하기 위해 '교환 은행'에 가져갈 수도 있다. 그렇지만 잘 갈무리해둔 선물 포장지, 잡지, 카탈로그 등에서 나온 종이로 책을 싸는 것도 고려하자. 책표지도 싸고, 플라스틱 사용도 줄이는 매우 개성 있는 방법이 될 것이다.

주머니 활용하기

가방에 교재뿐만 아니라 다양한 학용품을 넣다 보면, 예를 들어 스포츠용품, 음료, 음식 등을 같이 넣으면 손상되거나 구겨지는 경우가 있다. 이런 경우를 대비해 책가방 안에 책을 넣을 수 있는 천으로 된 주머니나 '책 덮개'를 사용하면 좋다. 그러면 따로 분리해서 넣어 보호할 수 있다.

책을 소중히 사용할 것

그러나 책을 잘 보호하는 가장 좋은 방법은 책표지를 싸는 것이 아니라, 스스로 책임감을 갖고 책을 함부로 사용하지 않는 습관을 기르는 것이다. 물건을 잘 사용하는 것이 얼마나 중요한지 설명하고, 학기가 끝날 때까지 최상의 상태로 잘 사용했을 경우 상을 주겠다고 제안할 수도 있다. 다른 학용품도 마찬가지다.

28. 과일 포장이 왜 문제냐고?

우리는 아주 일상적인 소비 행위가 야기하는 높은 비용에 대해 전혀 의식하지 못한다. 만일 의식한다면, 학교에서 소풍 갈 때도 앞으로는 절대로 바나나나 오렌지를 비닐랩이나 은박지로 싸서 가져가는 터무니 없는 짓을 반복하지 않을 것이다.

이에 대해선 몇 번 반복해서 이야기할 것이다. 지구가 겪어야만 하는 플라스틱 대공습을 초래하는 나쁜 습관의 가장 좋은 사례이자, 될 수 있으면 빨리 고쳐야 할 습관이기 때문이다.

껍질 위에 또 껍질을 씌운 거나 마찬가지

바나나를 은박지로 싸는 것은 전적으로 불필요한 짓이다. 자연이 과일에 부여한 가장 효과적인 포장재, 다시 말해 100% 생분해되는 생물학적 물질인 껍질에 아무런 도움도 주지 않기 때문이다.

보나 마나 아이는 쳐다보지도 않고 포장을 벗겨 공처럼 돌돌 말아 은박지의 경우 덤불에 던져 오랫동안 쓰레기로 남아 있을 가능성이 매우 크다.

우리가 반드시 고려할 또 다른 것은 생분해성 물질이라 "아무 일도 일어나지 않는다"고 생각하면서 과일 껍질을 자연 한가운데 던져서는 안 된다는 점이다. 분명한 것은 이것도 문제를 일으킨다는 것이다. 오렌지나 귤 같은 과일 껍질은 분해되는 데 몇 주나 걸릴 뿐만 아니라, 자연을 더럽혀 우리의 무책임한 모습을 적나라하게 보여 준다. 이런 것은 집으로 가져와 일반 쓰레기와 함께 버리는 것이 좋다.

껍질은 100% 유기물 포장재다.

　과대포장함으로써 생기는 플라스틱 폐기물을 막기 위한 행동을 제안하고자 하는데, 정말 간단하다. 껍질 있는 과일은 절대로 다시 포장하지 않으면 된다. 이것은 불필요하고도, 불합리할 뿐만 아니라 터무니없는 짓이다. 만일 당신에게 플라스틱으로 싼 과일 조각을 건넨다면 합당한 이유를 들어 거절해야 한다. 여기에서 나오는 쓰레기를 막아야 할 뿐만 아니라, 그런 행동을 그만두도록 다른 사람들을 설득할 수 있어야 한다.

29. 지구를 위해 좋은 시민이 필요해

　젊은이들에게 환경을 존중하고 잘 가꿀 수 있도록 교육하는 것이 우리 교육 시스템의 주요 목표가 되어야 한다. 그러나 불행히도 현실은 그렇지 않다. 미래 시민을 양성하기 위해 가장 중요한 과목이 교사 입장에서는 수단은 없는데 의지로, 지원은 없는데 소명의식으로 가르치는 과목이 되고 말았다.

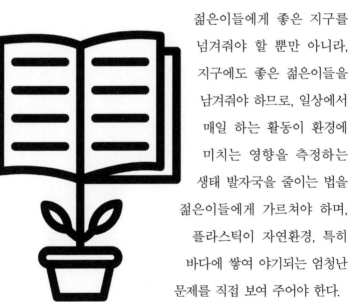

젊은이들에게 좋은 지구를 넘겨줘야 할 뿐만 아니라, 지구에도 좋은 젊은이들을 남겨줘야 하므로, 일상에서 매일 하는 활동이 환경에 미치는 영향을 측정하는 생태 발자국을 줄이는 법을 젊은이들에게 가르쳐야 하며, 플라스틱이 자연환경, 특히 바다에 쌓여 야기되는 엄청난 문제를 직접 보여 주어야 한다.

미래 시민을 위한 환경 교육은……

철저한 환경 교육이 필요한 분야가 많다. 우리는 젊은이에게 에너지를 효율적으로 사용하는 다양한 방법을 가르쳐야 한다. 스스로 생산하여 소비하거나 재생이 가능한 것을 주로 사용하는 쪽으로 나아가야 하는 이유를 친절하게 설명해 주어야 한다.

수도꼭지만 틀면 물이 쏟아져 나오는 것이 엄청난 특권이라는 사실을 이해시켜야 한다. 물이 마르는 일이 일어나지 않기 위해선 물을 아끼고 절약해야 할 때도 있다는 사실을 보여 주어야 한다.

건강한 지구를 위해선 쓰레기를 만들지 않고, 학교는 물론 가정에서도 분리수거를 실천하는 것이 최선이라고 젊은이들에게 가르쳐야 한다. 그리고 재활용을 장려할 뿐만 아니라 새로운 쓰임새에 맞게 활용할 수 있어야 하며, 한 걸음 더 나아가 플라스틱과 같은 폐기물이 쓰레기가 되는 것을 막는 데 이바지할 수 있어야 한다.

💡 싸고 편하다고 마구 쓰지 말 것

여러 번 반복했듯이 플라스틱 사용을 범죄시하려는 것이 아니다. 문제는 재료 자체에 있는 것이 아니라, 우리가 그것을 오용하고, 이것을 쓰레기로 만들면서도 책임지지 않는 태도를 보이는 것이다. 학교에 다닐 때부터 그리고 가정에서 플라스틱 소비를 줄이도록 젊은이들을 가르치는 것이 정말 중요하다. 가격이 싸다고, 편안하다고 마구 사용해선 안 되고, 상식적인 차원에서 플라스틱을 사용하는 법을 배워야 한다.

🔆 플라스틱은 꼭 재활용하자

플라스틱을 사용할 때는 이를 재활용해야 한다는 사실을 반드시 알아야 한다. 재활용을 습관화해 플라스틱을 주변에서 완전히 사라지게 만드는 것을 목표로 삼아야 한다.

30. 버린 플라스틱도 다시 보기

재활용 공방은 이미 사용한 플라스틱을 존중하는 법을 배우는 가장 좋은 곳이다. 재활용을 조금만 연습하면, 우리가 약간의 창의력에 약간의 솜씨를 더했을 때, 플라스틱 폐기물이 쓰레기가 되는 것을 막을 수 있을 뿐만 아니라 정말 놀랄 만큼 실용성을 갖춘 물건이 될 수 있다는 사실을 깨닫게 도와준다.

우리가 할 수 있는 모든 것을 한자리에 모아 이야기하는 것은 불가능하다. 플라스틱 폐기물을 재활용하여 만들 수 있는 가장 재미있는 것으로는 빈 플라스틱 물병과 자투리 천으로 만든 꼭두각시 인형, CD로 만든 컵 받침, 플라스틱 뚜껑으로 만든 커튼, 종이팩으로 만든 상자형 새 둥지와 먹이통 등을 들 수 있다.

플라스틱 분리수거를 위한 작품을 만들자

내가 의도하는 바는 책에서 이야기하는 다양한 플라스틱 폐기물로 벽화를 만들어, 학생들이 플라스틱 문제를 인식하고 각각의 용도가 뭔지 발견하게끔 하는 것이다. 분리수거한 후 다시 재활용할 수 있게 된다면, 이것을 가지고 우리가 무엇을 할 수 있는지도 알려 주고 싶은 것이다.

아주 소박하면서도 재미있고 유용한 수공예 작품으로, 일단 제작하면 부엌에서 가장 마음에 드는 곳에 설치할 수 있다. 더 좋은 방법도 있다. 수업 시간에 할 수 있는 재활용 활동으로 다음과 같은 것을 제안한다.

① 큰 골판지나 포장지 한 장이 필요하다. 이것을 잘 나눈 다음 분리하여 일곱 개의 재활용 상징기호화살표로 사용된 삼각형를 그리고 중앙에 각각의 숫자'플라스틱에 관한 간단한 안내'에서 분류 번호를 찾을 수 있다.를 쓴다.

② 그런 다음 각 상징기호 옆에 각각의 숫자에 해당하는 플라스틱 폴리머의 다양한 부분을 붙인다. '플라스틱에 관한 간단한 안내'에서 폴리머 목록과 이것을 이용해 만든 제품들의 예를 찾을 수 있을 것이다.

③ 이것을 만들어 교실 벽에 부착한 다음, 완벽하게 이해시키기 위해 다양한 연습을 할 수 있다. 예를 들어 창틀에서부터 볼펜에 사용된 플라스틱이나 책표지를 싸기 위한 것까지 우리가 학교에서 찾을 수 있는 다양한 플라스틱 종류를 구별하는 연습을 할 수 있다.

④ 가장 쉽게 재활용할 수 있는 것은 어떤 종류의 플라스틱인지 그리고 벽에 그림을 그리기 위해서 어떤 제품이 그런 플라스틱으로 만들어졌는지 구별하는 연습도 할 수 있다.

집에서는
벽화의 크기를 줄여 부엌에 걸어 놓고
우리가 매일매일 사용하는 플라스틱을
구별하는 연습을 할 수도 있다.

아이들 주변에서

31. 젖병은
무엇으로 만들었을까?

비스페놀A 혹은 BPA라고 부르는 것은 플라스틱 산업에서 첨가제로 가장 널리 사용되는 화학제품이다. 우리가 매일매일 사용하는 다양한 형태의 수많은 제품, 예컨대 작업 공간부터 가정까지 어디서든, 그리고 집과 사무실 그리고 병원 등의 가구와 덮개 등에서도 발견할 수 있다.

CD나 DVD 혹은 식품 저장용 캔의 내부 코팅에 형태나 구조를 부여하는 폴리카보네이트에서 플라스틱 뚜껑까지 우리를 둘러싼 제품들 상당 부분에 비스페놀A가 포함되어 있다.

전선, 자동차 부품, 장난감, 가정용 가구, 텔레비전, 컴퓨터, 핸드폰 등에도 들어 있다. 그러나 상당수의 식품 포장 용기나 포장재, 위생용품 등은 물론 아기들이 사용하는 플라스틱 젖병에도 들어 있어 매우 조심해야 한다.

비스페놀A라는 물질

비스페놀A의 문제점은 용기에서 식품으로 쉽게 전달되는 플라스틱 성분 중 하나라는 점이다. 일단 우리 몸에 들어오면, 미량만으로도 현존하는 것 중 가장 강력한 내분비계 교란 물질의 하나로 작용한다. 여자아이들의 사춘기 진행이 빨라지거나 남성 불임 같은 선진국에서 빈번하게 발생하는 호르몬 관련 질병을 일으키는 원인일 수도 있다.

프랑스에서는 식품용 플라스틱에 이 물질의 사용을 금지하고 있다. 환경 단체나 소비자 기관에선 과학 보고서와 의학 연구를 토대로 프랑스 정부의 조치가 즉시 모든 나라로 확산되어야 한다고 강하게 요구한다.

그러나 유럽 식품안전청은 비스페놀A가 인체에 해를 끼칠 가능성이 있다는 것을 잘 알면서도 양이 적으면 건강에 위험을 초래하지 않는다는 이유로 식품용 플라스틱에 사용하는 것을 허용하고 있다.

🔅 가장 이상적인 젖병은······

젖병 제조에 비스페놀A를 사용하는 것이 스페인과 유럽연합 모두에서 금지되어 있지만, 가장 권하는 것은 실리콘이나 라텍스로 된 젖꼭지에 유리나 스테인리스 스틸로 된 병을 사용하는 것이다. 약사가 비스페놀A가 들어 있지 않다고 보장하더라도 절대로 젖병을 전자레인지에서 가열하면 안 된다. 용기에 든 물질이 내용물로 옮겨갈 가능성이 커지기 때문이다.

32. 아기 방을 꾸밀 때는

아기를 건강하고 자연스러운 환경에서 키우려면 특히나 장식품, 가구, 방의 벽지 등의 구성 성분과 재료 선택에 세심한 주의를 기울여야 할 뿐만 아니라, 플라스틱 사용을 최대한 줄여야 한다. 대신 우리는 양모, 면화, 친환경적인 목재 등과 같은 천연염료와 섬유로 만든 직물을 선택해야 한다. 특히 유아용 침대는 조심해야 한다.

벽은 최대한 미리 칠하고 신생아 건강에 해로운 솔벤트나 유해 화학 합성물이 없는 친환경적인 수성 페인트를 선택하는 것이 정말 중요하다.

금지된 물질이 포함됐는지 꼼꼼히 따져 보기

최근 몇 년 동안 플라스틱은 일상적으로 아기방을 꾸미는 도포용 재료, 접착성 장식재, PVC 가구, 카펫, 인공 마루 등을 만드는 재료에 포함되었다. 이 모든 것은 그다지 건강하지 못할 뿐만 아니라 다양한 질환을 일으킬 수 있는 과도한 전자기파가 방출되는 유해한 환경을 만든다.

트리클로로에틸렌, 클로로벤젠, 자일렌, 에틸렌글리콜과 같은 화합물을 사용한 페인트는 건강에 해로울 수 있는 휘발성 유기 화합물voc을 방출한다. 이런 이유로 이 물질 중 상당수가 최근 사용 금지되어 일상적으로 사용하지는 않지만, 이런 물질이 완전히 빠져 있는지 구매하기 전에 라벨을 꼼꼼하게 살펴봐야 한다.

천연수지로 만든 페인트 사용하기

VOC를 사용하지 않고, 주로 린넨 같은 식물성 기름이나 카제인과 같은 천연수지로 만든 친환경적인 페인트를 선택해야 한다. 안료는 천연 미네랄에서 추출한 식물성 미네랄에서 얻을 수 있다. 이 경우 벽에 불투수층을 만들지 않아 자연스럽게 숨을 쉴 수 있게 해서 결로 현상을 방지한다.

🔅 천연원목

가구는 니스나 페인트를 칠하지 않은 천연 목재로 만들어야 한다. 제조 과정에서 포름알데히드와 같은 유해한 화학물질을 방출하는 시너나 접착제를 사용한 합성물은 사용하지 말아야 한다. 그리고 목제 가구를 살 때는 FSC 인증이나 이와 유사한 인증을 반드시 요구해야 한다는 것을 명심해라.

33. 환경도 보호하고,
자원도 아낄 수 있는 천 기저귀

점점 많은 부모가 일회용 셀룰로스로 만든 기저귀 소비를 포기하고 재사용할 수 있는 전통적인 천 기저귀로 돌아감으로써 환경보호에 이바지하겠다는 결심을 하고 있다. 이는 천연자원을 상당히 절약하는 칭찬받을 만한 행동이고, 더 주목할 점은 돈도 아낄 수 있다는 것이다.

플라스틱 폐기물과 셀룰로스 소비를 줄이는 데 엄청나게 도움이 된다. 그뿐만 아니라 재사용 기저귀는 아기를 키우는 부모님과 기저귀를 사용해야 하는 노인을 돌봐야 하는 사람들에게 비용 절감이라는 선물을 안겨 준다.

갓난 아기가 첫 2년 동안 소비하는 일회용 기저귀의 양은 대략 5000장 정도다.

아기는 1년에 2000장 넘게 기저귀를 사용한다

일회용 기저귀 소비는 플라스틱 폐기물을 엄청나게 증가시킨다. 포장재뿐만 아니라 고무 밴드와 접착밴드가 폴리프로필렌과 폴리에틸렌으로 만들어졌다. 미국에서 수행된 최근 연구에 따르면, 일회용 기저귀를 사용하면 1년에 82,000톤의 플라스틱 쓰레기를 만들게 된다.

스페인에서는 1년에 일회용 기저귀 15억 장 정도가 소비되고, 이로 인해 100만 톤에 가까운 폐기물을 만들어 낸다. 대부분의 기저귀는 재활용할 수 없다.

비용을 분석해 보면, 평균 하루에 6~7장의 기저귀를 사용한다고 했을 때 간난 아기가 첫 2년 동안 사용하는 일회용 기저귀는 5000장 정도고, 한 장당 평균 400~500원 정도니까 기저귀에만 약 250만 원 정도를 쓰게 된다.

🔅 천 기저귀가 더 경제적이다

최근에 재사용할 수 있는 다양한 기저귀 모델이 출시되었다. 수건과 플란넬로 만든 것이 가장 널리 사용된다. 습기가 아기 옷에 스며들지 않게 기저귀에 꿰매고 단추로 여닫을 수 있게 덮개를 부착했다. 내부에 있는 주머니에 흡수제를 넣는

리필이 가능한 모델도 있다. 천으로 된 기저귀 한 벌커버 및 충전재은 4~6만 원 사이인데, 아이가 더 이상 기저귀가 필요 없을 때까지 사용할 수 있다. 일반적으로 1인당 3~4벌 정도를 사용하므로 일회용품을 사용할 때보다 약 200만 원 정도를 절약할 수 있다.

34. 장난감과 어마어마한 상상력

  플라스틱은 아이들이 늘 가지고 노는 가장 일상적인 재료가
되었다. 나무나 판지로 만든 전통적인 장난감은 뒷전으로 밀려났
다. 맑고 순수하면서 아무런 해도 끼치지 않는 이 전통적인 장난
감들은, 비록 건전지로 작동하는 최근에 출시된 장난감보다 세련
되지도 않고 관심도 받지 못하지만, 어린이들의 상상력을 자극하
여 지적이고 창의적으로 성장할 수 있게 도움을 준다. 더욱이 독
성 물질에 접촉할까 걱정하지 않아도 된다.

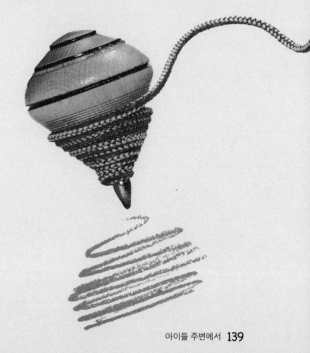

아이들이 플라스틱 장난감을 입에 넣게 놔둘 것인가?

안전과 건강 그리고 환경에 대한 기준이 유럽과 비교해 훨씬 덜 까다로운 아시아 시장에서 온 플라스틱 장난감의 저돌적인 공세는 장난감 가게의 선반을, 특히 입으로 가져가거나 깨물 때 아이들의 건강을 해칠 수 있는 낮은 품질의 플라스틱 제품으로 저가 시장의 선반을 가득 채웠다.

유럽의 제조업자들은 점점 옥수수 전분과 같은 유기 플라스틱으로 전환하고 있지만, 시장에 넘쳐나는 장난감 대부분은 폴리에틸렌, 폴리플로필렌, 폴리스틸렌, 메타크릴레이트, 폴리카보네이트 혹은 경우에 따라 프탈레이트, 알킬페놀, 난연제, 중금속 등과 같은 유해 합성물을 방출할 수 있는 PVC와 같은 액상 폴리머로 만들어졌다.

망가지거나 수명이 다 되었을 때 분리수거도 할 수 없다. 그래서 이런 폐기물을 다룰 유일한 방법은 소각이라는 최악의 대안밖에 없다. 따라서 가장 좋은 방법은 사용을 줄이는 것이다.

스페인에는
전통놀이를 전문으로 하는 수많은 체인점이 있다.

🔆 장난감 대여점을 이용하자

몇 년 전부터 환경 문제를 강하게
인식하기 시작한 소비자를 지원하기 위해
전통적인 장난감, 즉 직물이나 마분지
혹은 목재를 이용한 장난감이 다시
등장하기 시작했다. 스페인에서는
인형, 퍼즐, 나무로 만든 기차, 조립
장난감, 건축 장난감, 쌓기 블록, 팽이,
악기 등 전통적인 놀이기구를 전문적으로
취급하는 많은 장난감 체인점이 있다.*

🔆 옛날 장난감도 좋다

전통적인 장난감은 플라스틱 사용과 소비를 줄일 뿐만 아
니라 천연 제품이면서 다시 수선해 쓸 수 있다는 장점이 있다.
나무 제품은 플라스틱 제품보다 수명이 길고 망가지더라도 버
릴 필요가 없다. 안전하면서도, 부드럽고 정감 있을 뿐만 아니
라, 오래 사용할 수 있고 부서지거나 망가져도, 쉽게 고칠 수

---

* 우리나라는 아이의 나이와 발달단계에 맞춰 장난감을 빌릴 수 있는 대여점을 지자체별로
운영하고 있다. 지역 시민이면 누구든지 회원으로 가입하여, 도서관을 이용하는 것처럼 대
여 카드를 만들어 장난감을 빌릴 수 있다. 지자체에 따라 연회비 10,000원을 이용 요금으
로 내는 곳도 있다.

있다. 이를 위해선 독성이 없는 목재용 리그닌 성분에 기초한 식물성 접착제를 사용할 것을 권한다. 또한, 덧칠할 때 사용할 수 있는 무독성 수성 페인트나 니스나 라텍스 플라스틱 페인트 등도 있다.

💡 종이상자를 이용해 마음대로 놀게 하자

대안 중 하나는 커다란 마분지 상자를 이용하여 장난감을 만드는 것이다. 아주 어린 아이들은 장난감 자체보다 상자에 더 끌리는 경우가 적지 않다. 그러므로 커다란 전자 제품 포장 상자는 즐겁게 가지고 놀 수 있는 자극적인 물건이 되기도 한다. 들어갔다 나갔다 하면서 기어오를 수도 있는 작은 집처럼 가지고 놀기도 하고, 상점이나 로켓, 혹은 부엌을 대신할 수도 있다. 여기에서 이야기한 것은 하나의 예에 지나지 않는다. 하지만 분명한 것은, 아이들은 훨씬 다양한 방법으로 가지고 놀며 우리를 놀라게 할 것이다.

35. 풍선이 없어도 즐거운 놀이동산

    우리가 놀이 공원에서 아이들에게 사 준 헬륨 가스가 든 플라스틱 풍선을 놓치면, 이 풍선은 오르고 또 올라 적은 점이 되어 시야에서 사라진다. 그러나 속아서는 안 된다. 이 풍선은 절대로 사라지지 않는다.

    자연에서는 어떤 플라스틱도 저절로 사라지지 않고 어딘가에 쌓인다. 풍선은 바람에 날려 잃어버린 풍선들이 마지막으로 쌓이는 곳, 즉 바다에 이를 것이다. 사람이 많이 모인 대형 행사가 끝났을 때 하늘로 날려 보낸 수없이 많은 풍선은 결국 바다에 쌓이게 된다. 아이들의 눈을 즐겁게 하려고 날려 보낸 풍선들이 만든 심각한 결과를 안다면 아이들은 많이 슬퍼할 수밖에 없을 것이다.

축제가 끝나면 풍선은 어디로 갈까?

우리가 날려 보낸 풍선은 터지지 않고 바다에 떨어져, 바다 위를 떠다니게 된다. 햇빛은 플라스틱 풍선의 색을 탈색시켜 결국은 해파리 몸을 구성하는 젤라틴처럼 투명해진다.

멸종 위기에 몰린 바다거북은 해파리를 엄청 좋아한다. 그래서 색은 바랬지만 여전히 바람은 빠지지 않아 바다 위를 해파리처럼 떠다니는 풍선을 보면 주저하지 않고 삼킨다. 그러면 플라스틱 풍선이 호흡기를 막아 질식사하거나, 뱃속에 빵빵한 풍선이 들어가 오랫동안 고통받으며 바다를 떠다니게 된다. 해변으로 밀려온 고래나 돌고래 중에는 뱃속에 수 킬로그램에 달하는 플라스틱 풍선이 들어 있는 경우도 있었다.

풍선은 절대 생분해되지 않는다. 고무풍선의 수명은 반년 이상이다. 섬유나 용기 제작에 자주 사용되는 내구성이 강한 폴리머인 마일라로 만든 은박 풍선은 몇 년이 지나도 생분해되지 않는다. 이뿐만 아니라, 낮은 높이에서 떠다니는 경우엔 전선에 얽

혀 정전사고를 일으키기도 한다.

💡 풍선은 항상 묶어둘 것

아이들이 무척 좋아하는 장난감을 쓰지 말자는 것이 목표가 아니라, 아주 간단한 규칙을 지키자는 것이다. 다시 말해 헬륨 풍선은 반드시 아이들의 팔목이나 유모차 손잡이에 묶어 두면 된다. 반드시 막대에 묶어 놓은 고무풍선을 선택해야 한다. 물론 풍선을 대량으로 날려 보내는 일은 절대로 안 되고, 이런 행사를 보면 SNS에 항의성 글을 올리거나 신문사 등에 항의하는 제보를 해야 한다.

운동할 때

36. 매년 수십억 켤레씩
   만들어지는 운동화

매년 전 세계에선 운동화에 대한 높은 수요를 충족시키기 위해 수십억 켤레가 만들어진다. 기본적으로 폴리에스터, PVC, 폴리우레탄 같은 플라스틱을 사용하여 더 싸고, 더 유효 수명이 짧은 신발을 만들고 있다.

그러므로 이런 신발의 주 고객층인 젊은이들과 운동선수들에게 책임 있는 소비를 교육하는 것이 매우 중요하다. 가격뿐만 아니라 운동화가 지닌 진정한 의미에서의 비용까지 고려할 것을 교육해야 한다. 운동화의 경우, 무절제한 소비를 피하고, 유효 수명을 늘리고, 재활용 가능한 소재를 사용한 제품을 선택해야만 그러한 비용을 줄일 수 있다.

오염 물질 배출 기준을 피해 세운 생산 공장

해변 청소를 할 때 운동화에서 나오는 쓰레기양을 알면 놀라지 않을 수 없다. 정말 불쾌하다. 운동화 끈 밑의 혀 부분, 깔창, 밑창 등 이 모든 것이 어떻게 여기까지 밀려왔을까? 여기에 대한 답은 이런 유형의 신발을 만들고 소비하는 어마어마한 속도에 있다.

실제로 거의 모든 브랜드가 중국이나 베트남 같은 나라에 대규모로 하청을 주어 생산하고 있다. 이들 나라에선 값싼 노동력을 이용할 수 있을 뿐만 아니라 유럽이나 북미의 까다로운 독성 폐기물 관리 기준이나 오염 물질 배출 기준을 피할 수 있다. 이 때문에 운동화 생산이 환경에 가장 큰 영향을 미친다.

> ☀ 재활용 소재를 활용한 운동화
>
> 주요 브랜드 중 몇 개는 바다에서 수거한 어망과 기타 플라스틱 쓰레기를 기반으로 한 재활용 재료로 만든 모델을 시장에 출시하고 있다. 이 모델들은 지속 가능할 뿐만 아니라, 편안하고 수명도 길다. 이런 모델이 유행한다면 지구 입장에서도 좋은 소식이 될 것이다.

💡 친환경 디자인 운동용품

대규모 스포츠 관련 장비의 유통망은 재활용 플라스틱을 기반으로 한 친환경 디자인 운동화에 투자를 늘리고 있으며, 재활용된 테니스공으로 만든 슬리퍼도 구매할 수 있게 되었다. 스포츠 용품 매장에서 문의하거나 인터넷으로 찾아보자.

37. 생태 발자국을 최소화하면서 건강을 관리하려면

점점 많은 사람이 헬스클럽에 등록하려고 하고 있다. 비록 제공하는 서비스는 그리 많지 않지만 낮은 비용만 내도 가능한, 그러나 사정이 어려워지면 항의가 자주 들어오는 저가형 체육관이 빠른 속도로 늘어나는 대도시일수록 피트니스 산업이 매년 빠른 성장세를 보인다. 여기에는 구체적인 종목에 특화된 다양한 형태, 즉 무술, 요가, 크로스핏 훈련, 줌바 등의 운동을 하는 체육관이 포함되어 있다.

그렇지만 우리가 체육관에 다니기 시작하면, 운동할 때 플라스틱 제품 사용을 다이어트할 수 있도록 도와줄 몇 가지에 대해 주의를 기울여야 한다.

매일 운동하는 것은
건강을 유지하기 위해 가장 좋은 습관이다.

미세 플라스틱 + 땀 = 최악

체육관에서 사용할 운동복을 챙길 때 생기는 문제 중 하나는 옷을 만들 때 사용하는 직물에 있다. 체육복에 미세플라스틱이 들어 있는 경우가 있다. 이 경우 땀을 심하게 흘릴 때 미세플라스틱이 피부의 땀구멍을 통해 몸 안으로 들어올 수 있다.

우리가 특히 신경 써야 할 또 다른 것은 요가나 필라테스와 같이 바닥에서 운동할 때 사용하는 매트 종류다. 체육관에서 사용되는 대부분의 매트는 폴리머의 일종인 폴리우레탄이나 확장된 폴리에틸렌 혹은 PVC로 만들어졌다. 이런 물질은 피부에 땀이 났을 때는 특히나 직접 접촉하는 것을 피해야 한다.

🔆 운동복은 품질 좋은 것을 최소로

운동복을 살 때는 치수, 색, 모델뿐만 아니라, 소재도 진지하게 고려하여 선택해야 한다. 라벨을 잘 읽어 보고 천연 섬유로 만들어졌는지 플라스틱이 들어 있지 않은지 살펴야 한다. 그리고 절대로 형광색이나 지나치게 과감한 디자인의 옷을 수십 벌씩 쌓아놓지 말자. 될 수 있으면 품질이 좋은 것을 최소로 구입하는 것이 좋다.

　체육관에 자신의 매트를 가져갈 일이 있으면, 백 퍼센트 천연고무, 아마포, 대나무, 황마, 면과 같은 무독성 소재로 만든 친환경적인 매트가 있다는 사실을 명심해라. 모델과 가격대가 다양한 매트가 있는데, 양면을 다 쓸 수 있는 것도 있고 미끄럼 방지가 되어 있는 것도 있다. 이런 매트를 사용하면 위험을 사전에 막을 수 있다. 그리고 폐기물이 되었을 때 재활용할 수 없어서 엄청나게 많은 문제를 일으키는 플라스틱 폴리머로 만든 제품을 대신할 제품 소비를 촉진할 수 있다.

일회용 젤이나 샴푸 병, 플라스틱 섬유 수건 사용을 피하고, 될 수 있으면 집에서 필요한 것을 가져가자.

🔆 일회용품 사용은 피하고

슬리퍼, 일회용 샤워캡, 일회용 샴푸, 젤 용기, 일회용 플라스틱 수건 등의 사용을 피하자. 체육관에서 샤워할 때 사용할 물건 중에서 오래 가지 못하고 금방 바닥나는 품목 목록이 늘어나면, 집을 나설 때 필요한 것을 다 기억하지도 못한다. 오염보다는 미리 예방하는 것이 더 낫다는 사실을 언제나 명심해야 한다.

🔆 개인용 물병 사용하기

수분을 적절히 유지하기 위해 재사용할 수 있는 자기 물병을 가지고 다녀야 한다는 사실을 언제나 기억해 두자. 운동 전후에 먹을 건강한 간식과 건과일이나 신선한 과일 또한 마찬가지이다. 배는 고픈데 미리 준비한 것이 없어 체육관에 있는 자판기에 달려가는 일은 피해야 한다.

38. 깨끗한 축구 리그를 만들자

축구는 전 세계에서 사람이 가장 많이 몰리는 스포츠다. 주말마다 전 세계 축구 경기장 관람석으로 어마어마한 사람이 몰려든다. 그런데 경기가 끝났을 때 관람석에 쌓인 쓰레기가 얼마나 되는지 생각해 본 적이 있는가?

경기가 끝나고 난 뒤 관람석에 남는 건……

스페인 축구 리그에서 발표한 통계에 따르면, 1부 리그 경기에 관중들이 들어와 경기를 관람하는 경우 3~5톤 정도의 쓰레기가 발생하는데, 대부분이 용기, 포장재, 일회용 컵 등의 플라스틱이다. 레알 마드리드 홈경기장인 산티아고 베르나베우와 바르셀로나 F.C.의 홈경기장인 캄프 누 경기장에서만 매년 쓰레기 500톤 이상이 발생한다. 축구 경기장에서 발생하는 쓰레기를 줄이기 위해서 UEFA와 유럽연합 집행위원회는 재활용 가능한 재료와 폐기물의 지속 가능한 관리 등을 실천하기로 협약을 맺었다.

시설에서 발생하는 플라스틱 쓰레기를 줄이는 것과 빈 용기와 포장재를 재활용하는 것과 관련해 관중의 참여 의식을 강화하는 것이 목표다.

앞으로 유럽컵 대회 개최 도시에 있는 모든 축구 경기장에선 플라스틱 소비를 줄이기 위한 조치를 하고, 분리수거통을 배치할 것이다. 스페인에서는 점점 많은 경기장에 분리수거 시스템을 갖추고 있다. 이젠 축구 팬이 경기장에 갈 때 재활용을 적극적으로 함으로써 환경을 돌보는 일만 남았다.

축구장에 갈 때는
당신 쓰레기를 담을 봉투를 반드시 가지고 가서,
각각에 맞는 분리 수거통에 넣어야 한다.

축구팬에서 환경전도사로 변신!

당신이 팬으로 있는 축구 클럽이 경기장 안에 분리수거 시스템을 아직 마련하지 않았다면, 클럽 담당자에게 이를 설치해 달라고 요구하자. 팬들의 압력은 가장 깨끗한 리그를 만드는 일에 힘을 보태는 것이다.

재활용 플라스틱으로 만든 기념 유니폼

몇몇 축구 클럽은 빈 플라스틱 용기로 만든 유니폼을 장비 목록에 포함했다. 나이키는 사용한 페트병 10억 개 이상을 축구 유니폼을 제작하는데 활용하고 있고, 아디다스는 '바다를 위한 협상'이라는 의미를 가진 '팔리포더오션Parley for the Ocean'이라는 단체와 협약을 맺어, 바다에서 수거한 플라스틱으로 자기들과 계약한 팀의 유니폼을 만들고 있다.

39. 산악 달리기가
쓰레기 투기 경기로?

    달리기하는 사람들이 바닥에 던져 놓은 에너지바 포장지, 이온 음료 용기, 여러 가지 플라스틱 쓰레기 등이 널린 산악 달리기 코스나 들녘을 거닐다 보면 자연을 사랑하는 사람들은 엄청나게 실망할 수밖에 없다.

    이런 유형의 트래킹을 위해 엄청난 운동광이 자연으로 몰려들고 있다. 하지만 연습 중에 나온 폐기물을 참가자들이 좀 더 책임 있는 자세로 처리한다면 좀 더 완벽하게 환경보존과 양립할 수 있을 것이다.

연약한 생태계

대부분 경기 코스는 주로 생태학적 가치가 높은 자연 공간을 통과한다. 균형이 깨지기 쉬운 생태계에선 플라스틱 용기나 포장재인 쓰레기 투기로 인해 동식물이 영향을 받기 쉬운데, 이들 중엔 멸종 위기에 처한 종이 상당히 많다.

경기를 진행한 다음 청소하는 것은 해결책이 될 수 없다. 바람을 타고 온 산으로 흩날리거나 강으로 흘러 들어가기 때문에 쓰레기를 다 수거한다는 것은 불가능하다. 그렇다고 시민의식이 부족한 주자들을 감시하기 위해 일일이 인력을 배치할 수도 없다. 따라서 참가자 개개인의 책임감에 호소하거나 시합을 개최하는 단계에서부터 이런 불미스러운 행동을 막기 위해 필요한 조치를 마련해야 한다.

💡 벌점을 줄까?

경기 일정이 진행되는 동안 참가자들이 쓰레기들을 제대로 버릴 수 있게 분리수거함을 마련해야 한다. 주자들이 가지고 다니는 음식과 식음수대에서 받은 것에 등 번호를 찍어야 한다. 그래야 산에 돌아다니는 것을 발견했을 때 벌점을 줄 수 있다.

🔆 산악 달리기를 플로깅으로 바꾸면 어떨가?

몇몇 나라에서는 자연에 버려진 쓰레기들을 줍는, 다시 말해 달리면서 쓰레기를 치우는 '플로깅'이라는 이름의 재미있는 산악 달리기 대회가 성공리에 개최되고 있다. 승자가 되기 위해 가장 먼저 도착하는 것도 중요하지만, 가장 많은 쓰레기를 수거하는 것도 이에 못지않게 중요하다.

40. 물병에 플라스틱이 들어 있다고?

비영리 단체인 '오르브 미디어Orb Media'는 잔류 물질이 있는지 알아보기 위해 플라스틱 물병에 담긴 250개의 광천수 표본을 분석했다. 연구에 사용된 광천수는 이 분야의 세계적인 브랜드를 포함하여 전 세계 여러 나라에서 가져온 것이다. 결과는 정말 충격적이었다. 표본의 93% 에서 용기를 만들 때 다시 말해 병을 만들 때 사용한 폴리에틸렌 테레프탈레이트PET와 봉인할 때 사용한 폴리스틸렌 그리고 뚜껑 만들 때 사용한 폴리프로필렌 같은 플라스틱 폴리머 입자가 검출되었다.

플라스틱 물병 안녕~

이 보고서는 이런 유형의 오염 물질이 건강에 미치는 영향에 대해서는 언급하지 않고 다만 존재 자체만 확인했다.

플라스틱병에 담긴 물에서 두께 100μ 미크론, 1m의 100만 분의 1. 100μ은 인간의 머리카락 두께에 해당한다. 이상의 입자들이 1L에 10개 이상 검출되었다. 이것보다 크기가 작은 최소 6.5μ까지 것들은 1L 에 300개 이상이었다.

이 통계 자료에 의하면 플라스틱병 생수에 든 플라스틱 입자의 수는 똑같은 기관에서 전년도에 분석한 수돗물에서 검출된 플라스틱 입자 수보다 많다.

🔅 개인용 물병을 가져가자

운동하러 갈 때 반드시 개인용 물병이나 텀블러를 가져가자. 이동 중에서 쉽게 열어서 물을 마실 수 있는 잠금장치와 주둥이 모양도 다양하다. 당신의 야외 활동에 잘 맞는 것을 찾을 수 있을 것이다. 물론 사기 전에 내부 코팅에 폴리아미드, BPA 또는 여타의 가소제를 사용하지 않았는지 확인해야 한다.

🔅 플라스틱은 꼭 분리수거를

어떤 경우든 일회용 플라스틱 병을 자연에 버리면 안 된다. 이미 잘 알고 있겠지만 빈 플라스틱 병은 반드시 재활용 쓰레기통에 넣어야 한다.

여가를 즐길 때

41. 행사용 식기가
필요할 때

가족 중 한 명의 생일이 되면, 우리는 가족끼리 혹은 친구들을 초대해 파티를 한다. 도자기 접시에 음식을 나누고, 세라믹 접시, 도자기 컵, 유리잔이나 유리 그릇을 분배하는 일은 정말 짜증나는 일이다. 그리고 상당수가 깨지거나 산산조각 나는데, 심지어 이것을 다 걷어 설거지까지 해야 한다. 이것보다는 시장에 가서 플라스틱 제품을 산 다음 파티가 끝나면 쓰레기통에 버리는 것이 훨씬 효율적이다.

일회용품은 흘러흘러 바다로 간다

시장은 이런 종류의 제품으로 넘쳐난다. 이런 플라스틱 제품을 지나치게 소비하면 쓰레기양이 급격히 증가하고, 이를 생산하기 위한 자원과 에너지도 낭비하게 된다. 일회용 컵, 일회용 스푼, 일회용 접시, 일회용 냅킨. 바로 이런 것들이 바다를 죽이고 있다. 플라스틱 투기라는 심각한 문제에 대해 유럽연합이 낸 가장 최근 보고서에 의하면 가까운 연근해와 대서양에 쌓인 쓰레기의 4분의 3이 일회용 제품에서 나온 것이다.

💡 손님의 협조를 구하기

일회용 가정용품을 구하려고 가게로 달려가지 말고, 손님에게 문제에 관해 설명하고 접시와 식기 세트를 꺼내 사용하고 다시 자발적으로 치우는 '녹색 파티 체험'을 하는 것이 어떠냐고 제안해 보자. 다 먹고 난 다음에는 식기를 싱크대에 두거나 식기 세척기에 넣으면 된다.

💡 행사용 식기를 빌리자

또 다른 아이디어로는 행사용 식기 세트를 빌려주는 기업*의 서비스를 이용하는 것이다. 이들은 모든 것을 처리해 줄 것이다. 우리는 웹에서 고르기만 하면 된다. 그러면 그들이 집으로 가져와 식탁을 차리고 행사가 끝나면 모두 수거한 다음, 다시 포장해서 가져간다. 제로 플라스틱, 제로 쓰레기다.

💡 바이오 플라스틱을 사용하는건?

만일 일회용 식기들을 어쩔 수 없이 이용해야 하는 경우가

---

* 우리나라에도 행사용 다회용기를 빌려주는 트래쉬버스터즈(TRASH BUSTERS)와 P.NOT, 식기를 대여하는 뽀득(bbodek)이라는 회사가 있다.

있다면, 대나무, 야자나무 잎, 코코아 껍질, 사탕수수대, 옥수수·전분 등과 같은 재료로 만든210쪽 참고 100% 비료로 사용할 수 있는 지속 가능한 재료로 만든 것이 있다는 사실을 기억하자.

42. 성탄절 트리는 천연목으로

크리스마스가 되면 인조 트리와 인간이 의도적으로 재배한 천연목 중에서 무엇을 선택할지 고민하게 된다. 그러나 이젠 더 이상 고민 하지 말자. 비록 잘리긴 했지만 천연목을 선택하자. 후식으로 즐기는 파인애플이나 거실을 꾸미는 꽃 역시 어느 정도 재배한 다음 자른 것이지만 이것을 문제 삼는 사람은 없다.

화원이나 대규모 화훼 단지에서 파는 인증된 크리스마스 전나무는 파인애플이나 꽃, 혹은 여타의 농작물처럼 재배된 것이다. 다만 이 경우엔 숲에서 재배한 것이라는 것만 좀 색다르다. 전나무를 산다고 숲을 다 잘라내는 것은 아니니 안심하시라.

지속 가능한 나무 농장

인간이 의도적으로 재배한 나무는 지속 가능한 삼림 재배, 예컨대 한 그루를 베어 내면 다시 한 그루를 심는 임업 농장에서 생산되었다는 것을 보증하는 라벨이 줄기에 부착되어 있다.

집약농업에서 사용되는 살충제나 비료를 사용하지 않고, 토양에 손상을 입히거나 생물 다양성을 파괴하지 않기 때문에, 유칼립투스 농장에서 벌어지는 일과 마찬가지로 훨씬 생태적이라고 할 수 있다.

임산물 수출을 위한 크리스마스트리용 나무의 합법적인 재배는 지속 가능한 개발의 좋은 사례다. 전나무나 소나무가 숲을 일구면 좋은 풍광을 만들 뿐만 아니라, 이산화탄소CO_2를 흡수하고, 숲의 생물 다양성을 강화하는 역할을 한다. 또한, 1ha의 땅에 나무를 심으면 매일 40명이 호흡할 수 있는 산소를 생산한다.

반대로 플라스틱으로 만든 인조 나무는 재생할 수 없는 재료를 사용할 뿐만 아니라, 나무 모양을 만드는 과정에서도 화학 약품을 사용하고, 에너지를 소비할 뿐 아니라, 폐기물도 생긴다. 또 버려지고 나서도 자연목과 달리 생분해되지 않는다.

그러므로 농촌 경제를 활성화하고 숲의 생물 다양성을 촉진하고 플라스틱 폐기물 생성을 막기 위해선 천연 나무를 선택하는 것이 최선이다.

플라스틱 나무는
재생 불가능한 제한된 자원을 사용한 것일 뿐만 아니라,
나무 모양을 만들기 위해서 화학 공정을 거친다.

💡 천연목은 사용 후에도 재활용할 수 있다

원예 센터에서는 나무들을 다시 심을 공간을 제공하며, 살아 있는 나무를 반환하면 보상한다. 분명한 것은 살아 있는 나무를 샀다고 거실처럼 너무 덥고 폐쇄적인 환경에서 억지로 키워 보려고 노력할 필요는 없다. 사실 90%의 크리스마스트리가 크리스마스까지 살지 못한다. 반대로 크리스마스가 지났을 때, 도시나 시골에 미리 준비한 수거 장소에 기탁하면 친환경적인 비료, 식물성 덮개, 나아가 난방에 쓰이는 바이오매스의 팰릿이 될 수도 있다.

거리의 나무를 장식해 볼까?

크리스마스트리라는 전통은 전나무와 자작나무가 자연의 상징이고 나무가 가장 중요한 풍경이던 북유럽 국가에서 비롯되었다. 진정한 의미에서 문화적 정체성의 표식이었다. 전나무 구매와 관련해 어떤 선택을 할 것인가는 스칸디나비아 도시민들의 방식을 따라 하는 것이 가장 바람직하다. 이곳 주민들은 크기나 수종을 가리지 않고 길거리, 광장, 공원, 등 주변에 있는 나무를 예쁘게 장식했다.

💡 공공기금으로 함께 트리를 꾸미자

우리가 이웃에게 제안할 수 있는 것은 장식용 끈이나 장식품을 사기 위해 공동 기금을 조성하는 것이다. 더 좋은 것은 우리 스스로 재활용품으로 장식품을 만들어 아이들과 함께 나무를 꾸미는 것이다. 이 경우 아이들은 이를 통해 자연을 사랑하고 나무를 존중하라는 메시지를 자연스럽게 받아들이게 된다.

43. 음료는 빨대 없이 마시자

이 책 처음부터 끝까지 계속해서 밝히는 것처럼 플라스틱에 의한 가장 심각한 오염은 상당 부분이 가장 단순한 일상의 삶을 관리하는 데서 비롯된다. 예를 들어 플라스틱 빨대를 이용하여 음료수를 마시는 것과 같은 습관에서 오는 것이다.

이런 생활 습관 관리의 중요성을 인식하기 위해선 전 세계에서 빨대가 얼마나 소비되는지만 봐도 충분하다. 미국에서는 매일 일회용 빨대가 5억 개나 사용 후 버려지고 있으며, 영국의 패스트푸드 체인점인 맥도날드에선 하루에 350만 개씩, 일 년에 13억 개가 소비되고 있다. 영국 맥도날드에서만 사용되는 양이 이 정도다.

빨대 대부분은
결국 바다로 흘러 들어간다.

빨대로 가득 찬 바다라니!

그린피스에 의하면 매년 800만 톤의 플라스틱이 바다에 유입되는데, 전 세계 해양 오염 물질의 80%에 달한다. 지중해의 경우, 바다를 떠다니는 해양 쓰레기의 96%와 해변에 쌓인 쓰레기의 72%가 플라스틱이다

책임을 돌리기 위해 범인을 찾아보자. 생산자들, 이들을 제일 먼저 지목할 수 있다. 이들은 빨대를 생분해되는 물질로 만들었어야 했다. 그렇지만 플라스틱 빨대 소비는 너무 심할 뿐만 아니라 통제되지 않아 전 세계에서 매년 얼마나 많은 빨대가 소비되는지 알 수조차 없다. 비록 수십억 개에 달할 것이라고 이야기하긴 하지만, 빨대 생산과 관련된 사람들조차 근사치도 내놓지 못하는 실정이다. 한 번 더 이야기하는데, 해결책은 재료를 바꾸는 것이 아니라, 습관을 바꾸는 것이다.

다른 빨대를 요구하자

'마지막 플라스틱 빨대'는 전 세계 오백 개 이상의 생태 운동 조직, 인도주의 단체, 의료 협회, 소비자 단체 등을 하나로 묶어 만든 조직인 플라스틱 오염 연합Plastic Pollution Coalition이 발의한 운동이다. 이 단체는 시민의 자발적인 참여를 바탕

으로 플라스틱이 야기한 오염에 맞서 싸우는 것이 목적이다. 이 운동은 플라스틱 빨대 사용을 거부하고 그 이유를 모든 사람에게 알리는 것이다. 지금은 생분해되는 빨대가 있을 뿐만 아니라 먹을 수 있는 빨대도 있다. 이는 빨대를 사용할 수밖에 없는 사람들에겐 좋은 대안이 될 수 있다.

44. 모래사장을 뒤덮은 담배꽁초

　나는 흡연자들이 담배꽁초를 도로에 버리거나 해변의 모래사장에 눌러 끄는 것을 처벌하지 않는 것에 주목했다.

　쓰레기를 주변에 버림으로써 야기되는 심각한 환경문제를 점점 심각하게 의식하는 사회에서 그런 무책임한 행동을 정상이라고 여긴다는 것이 정말 믿기지 않았다. 스페인의 흡연방지 위원회가 낸 통계 자료를 보면 스페인에서만 1년에 3200만 개 이상의 담배 필터가 쓰레기로 버려지고 있다고 한다.

담배꽁초는
해변 청소 캠페인에서
가장 많이 나오는 쓰레기다.

담배꽁초는 오염물질 칵테일

언뜻 보기에 아무 죄도 없을 뿐만 아니라 아무런 해도 없을 것 같은 담배 필터는 사실 아주 심각하게 오염된 화학 폭탄이다. 이것을 만들 때 쓴 셀룰로스 아세테이트는 그 안에 니코틴, 타르 뿐만 아니라, 비소, 카드뮴, 구리, 니켈, 등의 중금속까지 든 일종의 오염물질 칵테일이다.

이 모든 것이 꽁초 하나에 들어 있다. 비록 소량이긴 하지만 1년에 해변 모래사장에 버려지는 양이 1조 개가 넘다 보니 독성도 증가하여 우리가 직면한 환경문제 중 하나가 된 것이다.

과학자들은 오랫동안 담배꽁초가 일으키는 심각한 위험에 대해 경고해 왔다. 꽁초에 든 독이 먹이 사슬에 통합되어 우리가 먹는 생선을 오염시킬 수 있고, 이는 결국 우리 건강에 위험을 불러올 수 있다.

> ☀ 휴대용 재떨이를 사용하자
>
> 날이 갈수록 금연 해변, 즉 담배를 금지한 해변이 늘고 있다. 담배 연기가 야기하는 독성뿐만 아니라 꽁초와 꽁초에 든 수많은 독성 칵테일이 모래사장에 버려지는 것을 막기 위해서다. 이렇게 금지하는 게 가장 쉽긴 하다. 하지만 해변에서 담

배를 피우더라도, 꽁초를 모래사장에 꽂아놓지 않고, 당신이 사용할 수 있는 몇 가지 대안을 사용한다면 문제가 없다. 휴대용 담배 재떨이부터 빈 깡통까지 여러 가지를 사용할 수 있다. 바로 이렇게 하는 것이 이 문제와 관련해 바다와 우리 건강을 해치지 않기 위해 실천할 수 있는 가장 좋은 방법이다.

45. 플라스틱 프리를
노래하는 콘서트

    캠핑장에서 책임 있는 자세로 환경 보호를 위해 폐기물을 관리하는 것은 우리가 반드시 유지해야 할 태도다. 자연환경에 직접 해를 끼치는 것을 막고 우리 주변에서 쓰레기를 줄이기 위해서 반드시 이런 태도를 가져야 한다.

    쓰레기 생성을 막고 책임 있는 자세로 수거하는 것은 캠핑 다니는 사람이라면 반드시 지켜야 할 의무이자 약속이다. 그러나 언제나 이렇게 잘 지켜지는 것은 아니다. 예를 들어 해변이나 생태학적으로 가치가 높은 곳 혹은 플라스틱 쓰레기가 많이 발생하는 곳에서 야외 음악 페스티벌을 열기도 한다.

흔적을 남기지 않고 캠핑 즐기기

 세계 곳곳에서 여름 음악 페스티벌 확산세가 두드러지면서 매년 수백만 명이 콘서트에 모여든다. 전 세계에서 유행하는 현상이긴 한데, 주변에 쓰레기를 투기해 이로 인한 오염 문제를 더욱 심각하게 만들고 있다.

 예를 들어보자. 아주 유명한 국제 베니카심 페스티벌에서 4일 만에 200톤이 넘는 쓰레기가 나오는데, 대부분이 일회용 플라스틱이다. 이 플라스틱을 재활용할 수 있으면, 페스티벌에서 나온 생태 발자국을 줄일 수 있으며, 유용한 산업용 원자재를 확보할 기회도 얻을 수 있다.

우리의 협력이 필요해!

　지속 가능성에 더 많이 투자하여 쓰레기 생성을 사전에 막기 위한 대책을 수립하는 친환경 페스티벌이 갈수록 늘어나긴 하지만, 이 모든 것이 긍정적으로 작동하는 데 책임을 져야 할 사람은 바로 참석자 개개인이다. 주최자들이 쓰레기를 줄이기 위해 아무리 좋은 계획을 세우고, 컵 하나 하나에 비용을 물려도 우리가 이를 잘 사용하지 못하면 콘서트의 마지막 공연이 끝났을 때, 캠핑 지대와 공터가 일회용 쓰레기로 가득 찰 것이다.

참여를 원하는
자원봉사자들과 함께
중앙 공터에 널린
쓰레기 수거 활동을
조직해 보자.

플라스틱 프리 캠핑 계획 세우기

플라스틱을 사용하지 않는 캠핑을 위해 자신만의 '친환경 계획'을 세워 보자. 최대한 소비할 제품의 용기와 포장재를 줄이자. 그리고 대용량을 선택하고 일회용 컵이나 식기류를 피하자.

판매점 옆에 쓰레기 분리수거함 마련하기

환경에 적극적으로 투자하고 재활용 지역을 배치하는 친환경 페스티벌이 점점 늘고 있다. 가게 옆에 반드시 쓰레기 분리수거함을 마련해 재활용 쓰레기를 각각의 활용도에 맞게 버려야 한다.

자원봉사자의 활동을 독려할 아이디어를 생각하자

콘서트 세션이 끝날 때마다 참여를 원하는 자원봉사자들과 함께 중앙 공터에 널린 쓰레기 수거 활동을 해 보자. 페스티벌 주최자에겐 추첨을 통해 자원봉사자에게 제공할 상품을, 후원할 생각이 있는 음악인에겐 사인한 CD를 요청하는 것도 생각해 볼 수 있다.

가장 중요한 것은 이에 관해 이야기를 나눠 다른 사람들도 축제 기간에 쓰레기 투기를 막는 등의 예방 활동에 참여하도록 독려하는 것이다.

자연에서

46. 쓰레기 오염을 막자

　유엔환경총회는 2024년까지 구속력 있는 플라스틱 협약을 만들기로 합의했다. 플라스틱 제조 방식과 감축, 재활용을 규제하는 내용의 이 협약은 기후변화 협약의 플라스틱 버전이라고 할 수 있다.

　플라스틱으로 야기된 오염을 막아야 한다는 가장 절실한 문제에 맞서 싸우기 위해 스페인에서는 '리베라 프로젝트'라는 운동을 하고 있다. 그리고 이 운동을 중심으로 정부 기관부터 기업과 노조, 생태주의자부터 소비자 단체, 교육기관, 스포츠클럽, 시민 플랫폼까지 모든 사람이 동원되고 있다.

　2021년 미국에서 나온 보고서에 따르면, 한국인 한 명이 1년에 배출하는 플라스틱 폐기물은 88kg으로 세계에서 세 번째로 많다. 한국도 정부와 시민 단체, 기업이 모두 협력하여 플라스틱 감축 계획을 세우지 않으면 국제적인 비난과 압력에 직면하게 될 것이다.

바다와 들녘에 버려진 플라스틱

들녘에서 주운 쓰레기 특성을 파악한 초기 연구들은 담배꽁초, 음료수 캔, 유리 조각, 산업용 포장재, 음식물 찌꺼기, 플라스틱병, 담배 포장지 순으로 많이 발견되고 있다는 것을 밝혔다.

그러나 가장 우려되는 것은 자연 어디에나 플라스틱 잔재가 엄청나다는 사실이다. 미세 플라스틱이라고 불리는 것의 존재는 바다 표면보다 땅에 20배 정도 많으며, 농업용지에도 바닷속보다 더 많은 플라스틱 입자가 있다.

☀ 4R 운동에 참여하자

시민 총동원은 자연에 버려진 쓰레기 문제를 해결하는 가장 중요한 열쇠다. 그러므로 우리 일상생활에 '세 가지 R감축, 재사용, 재활용 이론'을 적용하는 것뿐만 아니라, 네 번째 R수거을 더해야 한다.*

여러분이 들녘에 산책하러 나갈 때, 산책로 주변에서 눈에 띄는 플라스틱과 여러 가지 다른 쓰레기를 주워야 한다. 산책할 때 이런 행동을 습관으로 만들어야 한다.페이지 214쪽의 〈여기에 가입하자〉를 보면 리베라에 대한 좀 더 많은 정보를 얻을 수 있다.

---

* 우리나라도 플라스틱 쓰레기를 줄이기 위해 '4R 운동'을 하고 있다. 쓰레기를 줄이고(Reduce), 재사용하고(Reuse), 재활용(Recycle)하는 것까지는 책과 똑같고, 불필요한 물건을 받거나 구매하는 것을 '거절(Refuse)'하자는 내용이 다르다.

47. 새하얀 눈밭을 계속 보고 싶다면

산악 스포츠는 우리 건강에 도움을 주지만, 운동할 때 자연에 미치는 영향을 최소화해야 한다. 그러나 대형 스키장, 특히나 보호 중인 자연 공간에 설치된 스키장에는 삐걱삐걱 소리를 내는 금속 케이블, 철탑, 콘크리트 블록 등이 설치되어 지속 가능한 성장이라는 개념과 양립하기 어렵다. 더욱이 무책임하게 행동하는 스키어들은 정말 약할 수밖에 없는 생태계에 쓰레기를 남겨 놓는 부정적인 영향을 미친다.

산봉우리에도 플라스틱이 가득

스키장에서의 일과가 끝난 뒤 살펴보면, 리프트 라인 아래엔 캔, 봉투, 작은 병들, 담뱃갑, 기타 용기나 포장재가 엄청나게 눈에 띈다. 청소 담당자들이 접근하기 어려운 곳에서 벌이는 몇몇 무책임한 스키어의 행동은 환경오염이라는 심각한 문제를 일으킨다. 이는 환경을 돌보겠다는 예방 의식과 개인적인 참여를 통해서만 막을 수 있다.

매년 플라스틱 고리에 목이 졸리거나, 봉투에 질식사하는 동물이 나타나고 있으며, 동물들의 굴이나 은신처가 스키어들이 투기한 쓰레기로 막혀 그 안에서 동면하던 동물들이 죽는 일이 빈번하게 발생하고 있다.

🔆 자연은 성지!

스키장 자체가 만든 환경적 영향이 너무 커 사용자들의 개인적인 노력으로 이를 줄이는 것이 어렵다 하더라도, 스키어들의 책임 있는 자세로 피해를 줄일 수 있다. 그러므로 우리가 스키나 고산 지대에서 각종 스포츠 활동을 즐길 때는 자연 성지를 방문한다는 마음으로 자연을 존중하고 책임 있는 자세를 가져야 한다.

🔆 쓰레기는 저절로 없어지지 않는다

당신이 고산 지대에서 쓰레기를 버리면 절대로 쓰레기 자체로만 돌아오지 않는다는 사실을 기억하자. 고산 지대에 버린 쓰레기들은 사라지는 데 훨씬 오랜 시간이 소요되며, 개울로 쓸려 내려와 개울물을 오염시키고, 유리 조각은 산불을 일으키기도 하여 동식물에 엄청난 피해를 입힌다.

🔆 야외활동엔 종량제 봉투를 꼭 가져갈 것

당신이 가져간 음식물을 먹고 난 후 남은 쓰레기는 다시 가지고 내려올 수 있도록 봉투를 배낭에 넣어 가져가야 한다. 그리고 모든 스키장에 마련된 분리수거함을 이용해야 한다.

🔆 시골 마을의 문화를 체험하는 마음으로

스키 리조트 외에도 야외에서 할 수 있는 레저 센터가 있다는 사실을 기억해야 한다. 설피를 이용한 트레킹, 자연 속으로의 소풍, 가이드를 동반한 시골 마을 방문 등도 있다. 시골 사람들이 만든 수공예품, 다양하면서도 맛있는 음식, 자연을 존중하면서 즐길 수 있는 엄청나게 많은 놀이 등을 발견할 수 있을 것이다.

48. 플라스틱 없이 해변에 가자

    해변은 자연에서 가장 많은 생물 다양성을 담아내는 생태계다. 한겨울 따뜻한 햇살이 있는 아침이나 붉게 해지는 가을에 모래사장을 걷다 보면 이러한 사실을 확실하게 알 수 있다. 그러나 여름, 특히나 8월에는 그렇지 않다.

    8월에는 야생 동물들이 우리 해변에서 도망친다. 대신 모래사장과 바위는 수천 개의 비치 파라솔, 매트, 해먹, 스케이트, 아이스박스 그리고 크기와 형태도 다양한 튜브 등으로 구성된 거대한 플라스틱 모자이크로 뒤덮인다.

    여기에 수천 톤의 용기와 포장재, 그리고 담배꽁초 등이 더해지면 일과가 끝난 후 우리 해변은 쓰레기 매립장이 되다시피 한 야외 레저 센터나 워터파크와 비슷하단 것을 알 수 있다.

누가 왔다 갔는지도 모르게……

    해변 시장에서 파는 의자와 접이식 침대 의자, 매트, 튜브 등의 플라스틱 물품들은 가격이 너무 싸 모든 것을 다 내년에 사용하기 위해 보관하진 않는다. 휴가가 끝나면 모래사장에 버리거나 수거함 옆에 놔둔다. 그런데 이러한 플라스틱 제품은 품질이 너무 낮아 재활용할 수도 없다.

또한, 모래사장에 버려진 비닐봉지, 아이스크림 포장재, 빈 용기들은 무책임함을 잘 보여 주는 증거가 되고 있다. 바람에 날려 바닷물에 휩쓸리고 결국 바다를 뒤덮는 플라스틱의 양을 늘리게 된다.

해변에 플라스틱을 쌓아 놓고 오지 말고
쓰레기를 반드시 가져오자.

☀ 해변은 아름다워야

해변에 갈 땐 자연에서 가장 파괴되기 쉬운 곳에 간다는 사실을 반드시 기억하자. 더욱이 해변 대부분은 보호 구역에 속한다.

☀ 음료를 살 땐

플라스틱 링으로 묶은 묶음 단위 캔 음료는 될 수 있으면 피하자. 바다에 들어가면 보이지 않는 족쇄가 되어 물고기나 바닷새들이 여기에 걸려 질식사할 수도 있다. 구멍 뚫린 마분지를 사용한 묶음 단위 캔 음료를 고르자. 재활용 분리수거통에 버릴 때도 플라스틱 링은 반드시 가위로 잘라 버려야 한다.

☀ 비닐봉지는 NO!

비닐봉지를 사용하지 말자. 매년 수천 마리가 넘는 거북이, 돌고래, 고래, 바닷새 등이 실수로 비닐봉지를 먹고 죽는다.

49. 소풍은 자연을 사랑하고 존중하는 법을 배울 기회

가족과 함께 혹은 친구들과 함께 야외로 소풍 가는 습관은, 특히 아이들이 있는 가족의 경우 적극적으로 권한다. 야외에서 식사하는 것은 자연을 즐기며, 자연을 사랑하고 존중하는 법을 배울 좋은 기회다.

자연 공간에는 레크레이션, 소풍, 바비큐 등을 즐길 수 있는 구역이 있다. 그곳에선 우리가 사용하는 장비, 특히 쓰레기를 담아둘 통을 사용할 수 있다.

쓰레기는 스스로 돌아오지 않는다

앞에서 말한 구역을 정한 목적 중 하나는 주변에 쓰레기를 함부로 버리는 것을 막고, 쓰레기통이 있는 곳에 모으기 위한 것이다. 그래야 체계적으로 쓰레기 수거를 관리할 수 있다. 길을 가다가 배낭에서 먹을 것을 꺼내 먹고, 용기나 다 쓴 포장재를 수거하는 것을 '잊을 때' 문제가 생긴다.

들판에 쓰레기를 버리면 보기에도 나쁘고 토양과 수질에 나쁜 영향을 미칠 뿐 아니라, 야생 동식물에도 피해를 주고 산불의 주요 원인이 된다.

💡 지원센터의 도움을 받자

자연으로 소풍을 떠나기 전에 방문객 지원센터에 들러 소풍 장소에 대해 자세히 알아보자. 그곳에서 식사하고 쓰레기통을 사용하기 위해선 그 안에서 머물 시간까지도 미리 계획해야 하니까.

용기에 든 생수를 사는 대신에 집에서 물병에 물을 채워 출발하자. 목적지까지 가는 경로에 음용 가능한 식수원이 있는지도 지원센터에서 알아볼 수 있다.

💡 찬합 100배 활용법

음식을 집에서 준비해 가기로 결정했다면, 음식을 가져가 먹기 위한 가장 실용적이고 생태적인 수단은 찬합이다. 이 경우 용기와 포장재를 분리수거할 필요도 없다. 소풍이 끝나면 먹고 남은 과일 껍질을 들판에 버리지 않고 찬합에 담아서 집에 가져오면 된다.

☀️ 종량제봉투를 가져가는 센스

배낭을 매고 갈 때는 그 안에 반드시 해당 지자체의 종량제 봉투를 사 가지고 가자. 그리고 종량제 봉투를 채운 후, 마을이나 시설물에 있는 쓰레기통까지 꼭 가지고 와야 한다. 쓰레기가 스스로 돌아오는 법은 없다는 사실을 명심하자.

☀️ 돌아올 땐 플로깅!

비록 당신이 버린 것이 아니더라도 소풍 중에 쓰레기를 발견하면 반드시 수거해 환경에 대한 사랑을 표현하자. 캔이나 용기를 주워, 봉투에 담아 당신 쓰레기와 함께 재활용 통에 넣자.

50. 흔적을 남기지 않기

앞에서 본 바와 같이 플라스틱은 해변에 널린 쓰레기의 85%를 차지한다. 파도가 쳐서 우리에게 다시 돌아온 이 모든 쓰레기 중 상당히 많은 부분은 낚시용품이다.

낚시용품과 관련된 문제가 너무 심각해 플라스틱에 대한 유럽의 새로운 전략만을 다루는 장을 마련하고자 한다. 예컨대 바다에 버려진 낚시 도구, 어부들이 공해상에 버리는 저인망, 갯바위 낚시를 즐기는 낚시광들이 버린 나일론 낚싯줄 등과 관련된 내용을 다루고자 한다. 낚시꾼이 그물, 낚싯바늘, 찌 등을 버린다면, 내륙에서 사냥하면서 가장 많이 만드는 쓰레기는 탄피다.

낚시꾼은 낚싯바늘을 넣었던 봉투와 미끼 상자 그리고 기타 쓰레기를 반드시 수거해야 한다.

처치 곤란한 탄피와 낚싯바늘 쓰레기

유엔 식량농업기구FAO가 제공한 통계에 따르면 바다에 버려지는 어업 관련 쓰레기만 연간 80만 톤이나 된다. 스페인에서는 총을 쏜 다음 탄피를 들판에 남겨 두는 것을 금하고 있다. 그런데 산을 조금만 걷다 보면 사냥꾼들이 이 법을 얼마나 안 지키는지 알 수 있다. 스페인에서만 3억에서 5억 5,000만 개 정도의 플라스틱 탄피가 달린 총알이 판매되는데, 이것이 분해되는 데 200년 이상 걸린다는 사실을 고려한다면 우리가 직면한 문제가 얼마나 심각한지 잘 알 수 있다. 더욱이 이것은 성분 때문에 재활용도 되지 않아 반드시 일반 쓰레기통에 넣어야 한다.

🔆 **플라스틱이 덜 들어간 낚시 도구 사용하기**

낚시 장비를 준비할 때 코르크로 만든 전통적인 찌, 자연석으로 만든 추, 대나무로 만든 낚싯대처럼 플라스틱이 덜 들어간 것을 선택하자. 대낚시를 하는 사람은 낚싯바늘 봉투와 미끼 상자 그리고 낚시하다 망가진 것까지 수거할 책임이 있다.

🔆 **탄피는 쏜 사람이 가져올 것**

사냥을 위해 생분해되는 총알을 선택했다면, 마찬가지로 총을 쏜 다음 탄피도 반드시 수거하자. 이는 법을 지키는 행동일 뿐만 아니라, 우리 들녘에 쌓이는 '인간이 버린 쓰레기' 중에서 가장 많은 비중을 차지하는 탄피를 줄일 수 있을 것이다.

우리는 더 많은 일을 할 수 있다

① 폐타이어 함부로 버리지 않기

사용한 타이어는 매우 독성이 강한 폐기물이다. 환경에 부정적인 영향을 끼치는 것을 막기 위해 책임감 있게 관리해야 한다. 농촌과 도시 외곽 숲 등에서 무책임한 운전자들이 버린 타이어를 발견하는 것은 그리 어렵지 않다.

이 문제를 해결하기 위해 스페인에서 쓸모없어진 타이어를 수거하고 관리하기 위해 만든 '시그누스SIGNUS'라는 이름의 기관이 있다. 문제 해결을 위해서는 사용자들이 시그누스와 협력 관계에 있는 카센터에서 타이어를 교체하거나, 재활용 공장이나 시에서 관리하는 분리수거함이 놓인 곳에 가져다 놔야 한다.

숲에 버려진 타이어는 생태계에 오염을 일으킬 수 있고 화재 위험을 높이지만 재활용하면 어린이 놀이터 바닥재, 경기장 트랙, 도로포장 등에 쓰이는 아주 유용한 재료가 되기도 한다.

② 식탁 방수포 사용하지 않기

식탁 표면이 손상되는 것을 막기 위해 가정에서 식탁 방수포나 식탁보 덮개를 흔히 사용한다. 그러나 대부분의 식탁보 덮개는 플라스틱 제품으로 만들어졌다는 것을 명심하자. 그러나 면, 코르크, 대나무, 삼베, 유카, 기타 식물성 섬유로 만든 대체재도 있다. 똑같은 기능이 있으면서도 플라스틱 사용을 피할 수 있을 뿐만 아니라 망가졌을 때도 플라스틱 쓰레기가 나오는 것을 막을 수 있다.

③ 리포트를 제본하지 않기

교수님들이 학생들에게 리포트를 제출할 때 제본하라고 요구하는 일은 점차 줄어들고 있지만, 아직도 요구하는 교수님은 있다. 인터넷 시대에 걸맞게 온라인으로 과제를 제출한다면 불필요한 재료 낭비를 줄일 수 있고, 편리하기까지 하다. 투명한 앞표지, 뒤

표지를 붙이고 스프링으로 제본하는 등의 관행이 계속된다는 것은 쓸데없이 플라스틱을 낭비하는 일이다. 심지어 이 모든 것은 재사용하기 어렵고 재활용도 쉽지 않다.

그럼에도 학교 과제를 제본해서 제출하라고 하는 교수님이 있다면 용기를 내 환경 영향 문제를 제기하고 이메일로 제출하는 방법을 제안해 보자.

④ 생리컵 사용해 보기

여성 한 명이 가임기 동안 약 1만 개가량의 생리대나 탐폰을 사용하게 된다. 이는 재활용할 수 없는 폐기물 중 이런 것들이 상당히 높은 비중을 차지한다는 것을 잘 보여 줄 뿐만 아니라 적절한 방법으로 관리하지 못하면 환경문제를 더 심각하게 만드는 데 일조할 수 있다.

이런 문제 때문에 벌써 많은 여성이 천연실리콘으로 만든 생리컵 사용을 선택했다. 이 제품은 불필요한 천연자원 소비와 자연환경에 쌓이는 플라스틱 폐기물 양을 제로로 줄이는 데 도움이 된다. 시장에는 이미 많은 모델이 나와 있다. 유용성에 대해 잘 알아보고, 이를 사용하는 주변 여성들에게 자문을 구하고 충고해 달라고 하자. 정보를 충분히 얻게 되면 생태, 경제, 건강 각각의 차원에서 대체재인 생리컵의 가치를 제대로 판단할 수 있을 것이다.

⑤ 쓰레기통을 설치해 지속 가능한 이벤트 만들기

컨벤션, 축제, 회의, 총회……. 매년 스페인에서만 수천 개가 넘는 다양한 이벤트가 열리고, 여기에 참석하는 인원도 수백만 명에 이른다. 여기에선 주로 일회용품을 사용하고 다양한 형태의 플라스틱으로 만든 판촉물이 제공된다.

이런 유형의 행사에서 폐기물이 발생하는 것을 막기 위해서 지속 가능한 이벤트라는 개념이 나왔다. 이런 이벤트에서 참석자들에게 제공하는 제품 대부분은 엄격한 의미에서 필요한 것이다. 그뿐만 아니라, 유리로 만든 주전자나 컵부터 용기에 담지 않은 신선 식품까지, 재활용 가능한 재료를 사용하는 일이 점점 두드러지고 있다. 지속 가능한 이벤트에선 분리수거가 필요한 곳에 재활용 쓰레기통과 휴지통을 배치해야 한다는 점은 두말할 필

요도 없다. 또한, 전통적인 플라스틱 도구_{볼펜,}
라이터, 파일, 가방 등들은 기능을 더한 천연 대체
품으로 교체되었다. 다음 이벤트를 지속 가능
한 이벤트로 만들기 위해선 당신을 초대한
사람에게도 이를 고려해 달라고 요청하자.

⑥ 여행 가방 랩으로 싸지 않기

우리에게 수화물 보호 서비스를 제공
하거나 여행 가방을 플라스틱 필름으로
싸는 곳이 전 세계 주요 공항에서 일상적
인 시설이 되어 버렸다. 기계를 조작하는
사람들은 플라스틱 사용에 그다지 인색하
게 굴지 않는다. 한 번 감고, 또 한 번, 그리고 그 위에 다시 또
한 번을 감는다. 여행 가방을 열두 겹 이상 감기도 한다.

가장 충격적인 것은 여행자가 자연을 돌보고 보호하는 데 민
감한 친환경 여행자인 경우도 있다는 사실이다. 이들은 낙원 같

은 곳에 도착하자마자 가방을 둘둘 만 플라스틱을 제거할 텐데, 그러면 엄청난 쓰레기 문제가 발생할 수밖에 없다. 간단한 자물쇠와 여행 가방 보호용 테이프 정도가 훨씬 지속 가능한 대안이었을 것이다.

⑦ 비닐봉지 여러 번 사용하기

봉투는 만들지 않거나 요청하지 않는 것이 최선이라는 것은 분명한 사실이다. 그러나 우리 모두 장바구니 없이 슈퍼마켓에서 전혀 예상치 않았던 것을 살 때도 있다. 이런 경우 어쩔 수 없이 계산대로 가서 봉투를 요구해야 한다. 큰 문제는 아니다. 그러나 이럴 때 우리는 절대로 그 봉지를 함부로 버리면 안 된다. 아무리 플라스틱 봉투가 재활용될 수 있으며, 비닐봉지 분리수거함에 넣으면 된다고 하지만 그렇다고 비닐봉지를 사용한 것을 정당화해 주진 않는다. 재활용하는 것보다 여러 번 재사용하는 것이 유용하다. 테라스에서 사용할 방석 충전재로 사용할 수도 있고, 끈처럼 생긴 매듭을 만들 수도 있으며, 코바늘로 짠 천을 만들 수도 있다. 인터넷에는 사용한 비닐봉지를 기발한 도구나 창의적인 공예품으로 만들 수 있는 수천 가지 강좌가 있다.

⑧ 책임감 있는 사이클리스트 되기

　매년 중요한 사이클 경기 기간 중의 중계방송은 이런 경기가 관중이나 경기에 참여한 사람들에게 정말 부적절하고 안 좋은 사례라는 이미지를 우리에게 남겨 준다. 사이클리스트는 물병을 잡아 갈증을 삭이거나 해소한 다음 물병을 그냥 던져 버린다. 이는 분명 감점받아야 할 행동이다. 그리고 에너지바를 비롯한 피로 회복제도 마찬가지다. 먹고 나면 포장지는 그냥 던져 버린다.

　물론 그들이 지나가면 경기 뒷마무리를 하는 청소 용역회사가 훑고 지나가며 그들이 도로에 던져 놓은 것들을 치울 것이다. 그렇지만 한 가지 문제가 남았다. 우리가 반드시 지적할 것은 많은 팬의 존경을 받아, 모범이 되어야 할 프로 선수의 행동이다. 만약 당신이 사이클을 즐기는 동호회 회원이라면 책임감을 가지고 프로 선수들의 그런 행동을 따라 하면 안 된다.

⑨ 종이 영수증 받지 않기

이 책에서 이미 비스페놀A가 건강에 얼마나 해로운 영향을 미치는지 이미 이야기한 바 있다. 그런데 이 물질은 우리가 물건을 구매한 다음 일종의 보증서로 보관하는 전통적인 종이 영수증을 구성하는 주요 성분이다. 그라나다 대학교 소속 연구팀은 우리가 지갑에 보관하다가 매일 만지는 이런 감열지들이 우리 예상을 훨씬 뛰어넘는 수준의 독성을 가지고 있다는 사실을 발견했다. 당황할 이유는 없지만, 예방하기 위해서라도 영수증은 안전한 장소에 보관할 것을 권한다. 예컨대 손이 닿지 않는 곳에 보관했다가 주기적으로 없애는 것이 바람직하다.

부록

플라스틱 종류

일반적으로 우리가 플라스틱이라고 부르는 것은 사실 다양한 성분을 다양하게 응용하는 가지각색의 폴리머 계열을 일컫는 총칭이다. 바로 여기에 플라스틱이 소재로써 엄청나게 성공할 수 있었던 비결이 있다. 바로 다양성을 가지고 있다는 것이다.

용기 제조에 가장 많이 사용되는 폴리머에 무엇이 있는지 확실하게 인식하기 위해 20여 년 전에 각각의 폴리머에 1번부터 7번까지 번호를 매기고, 용기 바닥에 그려진 뫼비우스의 삼각형 재활용 상징 안에 번호를 새겨 넣었다.

분류 시설을 운영하는 사람들이 폴리머 유형에 따라 각각의 용기를 나눌 수 있도록 용기 제조 산업 자체에서 이와 같은 상징기호를 통합 운영하기로 결정했다. 기술이 발달하여 사람의 손으로 분류하는 것을 대체하여 다양한 플라스틱 용기를 자동 분류하는 시스템을 개발, 설치함에 따라, 이러한 상징기호가 사라지게 되었다.

플라스틱 소재의 다양한 용기와 포장재, 특히 식료품을 포장하는 데 사용하는 것은, 서로 다른 중합체가 결합하여 '다층'을 이루는 소재로 만들어진 것이 많다.

> 최고의 플라스틱은 친환경 소재로 만든 것이 아니라
> 회수된 플라스틱을 재활용하는 것이다.

다층 플라스틱을 만든 목적은 합성 플라스틱의 성능을 개선하고, 용기의 장벽 효과를 높이며, 용기에 담긴 제품의 보존성을 강화하기 위한 것이다. 그러나 이런 유형의 용기나 포장재는 재활용이 어렵다는 부정적인 결과를 가져왔다.

플라스틱 유형을 숫자로 식별하고 어떤 것이 더 재활용하기 쉬운지 알아보기 전에 분명하게 해 둬야 할 것은 산업계 입장에서 진정으로 재활용하겠다는 의지만 있으면 모든 것을 재활용할 수 있다는 점이다.

그중 일부는 사용이 정말 활발하여 엄청난 양이 시중에 흘러넘치기 때문에 충분히 수익성을 얻을 수 있다. 다시 말해 너무 많이 소비된 용기들을 회수하여 다시 원자재로 시장에 내놓기 위해선 주변에 완전한 재활용 산업체를 만들어야 한다. 바로 이것이 재활용이 중요한 이유다.

PET 폴리에틸렌 테레프탈레이트

식품에 적합한 플라스틱 용기를 만들기 위해 가장 많이 사용되는 중합체다. 매우 단단하면서도 가볍고 보관하기도 쉽고 투명도도 높다. 그리고 이 책이 얻고자 하는 효과와 관련해서 가장 중요한 점은 재활용 분리수거함에 잘 버리면 100% 재활용할 수 있다는 점이다. 기본적으로 용기 제조에 사용되며 내구성이 강한 직물용 원사부터 가구나 새로운 용기 등, 모든 종류의 제품을 만드는데 재활용할 수 있다.

HDPE 고밀도 폴리에틸렌

PET보다 내구성이 강한 것으로, 용기 제조에 가장 많이 사용되는 또 다른 소재다. 그러나 이것은 대용량 생수통투명하진 않고 희끄무레하다, 하얀 우유병, 세제나 유연제를 담는 색깔이 있는 통이나 병과 같이 투명하진 않다는 것이 특징이다. 슈퍼마켓 특유의 비닐봉지를 만드는 데도 사용된다. 쓰레기봉투, 튜브, 호스 등과 같은 다른 용기식료품용이 아닌를 만들 때도 유용하다. 일반 쓰레기 수거함도 대부분 이 소재로 만들어졌다.

PVC 폴리염화 비닐

내구성이 강하고 단단하며 절연체로 우수한 성능을 가지며 성형이 쉽다. 바로 이것이 전 세계에서 가장 많이 사용되는 폴리머인 이유다. 또 같은 이유에서 이것이 가장 논란이 많다. 제조 과정이나 사용 중에 독성 물질을 방출할 개연성이 있다. 믿지 못하겠지만 20년 전만 해도 이 소재를 이용하여 물을 담는 용기를 만들었으며 말랑말랑한 PVC를 이용하여 젖꼭지나 아기들이 물어뜯는 장난감을 만들기도 했다. 갈수록 사용이 줄어들긴 하지만 여전히 많은 분야에 사용되고 있다. 창문, 얇은 천, 운동화, 사무실 가구, 가전제품, 장난감, 자동차, 케이블, 튜브 등…… 또다른 단점은 쉽게 재활용할 수 없다는 점이다.

LDPE 저밀도 폴리에틸렌

고밀도 폴리에틸렌의 고탄력 버전으로, 투명한 PET와는 달리 반투명 소재다. 뛰어난 보온성이것은 열접착으로 정의할 수 있다으로 인해 주로 포장용 용기로 사용된다. 대형마켓용 비닐 가방, 봉투, 잘 휘어지는 병, 혈청 가방, 잘 휘어지는 앰플…… 냉동용 밀폐 용기나 대용량 쓰레기봉투를 만드는 데 사용하기도 한다. 가구,

카페트, 첨단 바닥재 등을 만드는 데 재활용한다.

 PP 폴리프로필렌

가볍고, 내구성이 강하고, 유연하고, 탄력적이다.유연하다와 탄력적이다는 단어를 혼동하지 말자. 유연한 것은 잘 구부러지는 것이고, 탄력적인 것은 구부러진 다음 바로 원형으로 회복되는 것이다. 악명 높은 음료수 빨대, 면봉 등을 만들 때 사용한다. 요구르트 용기와 포장 판매용 음식 용기 역시 이 소재를 이용한다. 또한, 아이스크림 용기, 나사 캡, 접착테이프, 플라스틱 헬멧 등도 마찬가지다. 재활용하면 플라스틱 끈, 쓰레기봉투, 가변성 화분, 빗자루와 같은 청소도구나 칫솔 등을 만들 수 있다.

 PS 폴리에틸렌

단단하고, 딱딱하지만 가벼운 성질을 가진 하얀 플라스틱으로, 컵, 접시, 일회용 식기류 등을 만드는 데 사용했는데, 최근에는 사용을 중단했다. 이에 속한 것은 가전제품을 보호하는 소재로 사용하는 확장된 폴리에틸렌 혹은 그 유명한 스티로폼이라는 것이다. 외형의 본을 뜨는 데 사용하기도 한다. 스티로폼 공을 만드는 데 재활용하거나 이것을 다른 소재와 합성하여 공원이나 정원에서 사용할 수 있는 기둥이나 벤치 등의 생활 가구를 제작할 수도 있다.

기타 플라스틱과 합성수지

이 번호를 부여받은 것에는 수지와 플라스틱 제조에 널리 활용되는 나일론의 원료가 되는 폴리아미드$_{PA}$, CD케이스를 만드는 폴리카보네이트$_{PC}$, 온실 덮개, 재활용 가능한 물병, 장식에 많이 사용되며 유리 대신 냉장고 선반이나 전시장의 유리 상자 등을 만드는 소재인 메타크릴레이트$_{PMMA}$와 같은 기타 폴리머가 여기에 속한다. 진공 포장이나 열 밀봉 식품 등에 사용되는 에틸렌 비닐 알코올$_{EVOH \text{ 혹은 } EVAL}$ 용기도 포함된다.

바이오 플라스틱은 해결책이 아니다

바이오 폴리머 혹은 바이오 플라스틱이라고 부르는 것은 별도로 다룰 가치가 있다. 이것의 외양은 기존의 플라스틱과 비슷해 혼동을 불러일으킨다.

바이오 플라스틱을 바다에 쌓이는 플라스틱 폐기물로 인한 오염 문제를 해결할 한 가지 방법으로 생각하고 있다. 이 새로운 물질은 100% 생분해되어 비료로 사용하는 식물성 재료에서 비롯된 것이다. 바로 여기에 아주 중요한 열쇠가 있다. 예컨대 석유에서 나온 합성 플라스틱의 대안으로 이것이 가진 장점을 구체화하는데 결정적인 역할을 한다. 생분해와 퇴비화라는 두 개념을 확실하게 구별하는 것이 중요하다.

앞에서 설명했듯이, 생분해가 된다는 것은 우리를 속이기 위해 산업계가 마련한 책략이다. 모든 물질이 생분해되는 것은 맞다. 문제는 생분해되는 데 걸리는 시간이다.

플라스틱 용기는 생분해되는 데 100년이 걸린다. 그리고 생분해되면서 주변 환경에 이를 구성하는 화학 성분의 흔적을 남긴다. 그러므로 현실적으로 환경에 가장 중요한 것은 생분해되는 데 걸리는 시간과 생분해되면서 자연에 남기는 오염 물질의 양이다. 바로 여기에서 퇴비화라는 개념이 가치를 지니는 것이다.

퇴비로 만들 수 있는 용기는 단시간에 유기물처럼 완벽하게 생분해되며 자연에 오염 물질을 전혀 남기지 않는다. 그러므로 퇴비화가 가능한 용기는 음식 쓰레기와 함께 버릴 수 있다. 퇴비 공장에 도착하면 비료나 퇴비가 된다.

이 경우 중요한 것은 이러한 바이오 플라스틱이 의도적으로 재배한 식물이 아니라 식물 찌꺼기에서 비롯된다는 점이다. 그래서 우리는 바이오 연료가 야기한 것과 유사한 문제에 직면하게 된다. 예전에는 식료품 생산에 사용되던 땅이 엉뚱한 곳에 사용됨으로써 식료품 가격이 올라가게 된다.

또 다른 중요한 측면은 퇴비화 여부와 관계없이 바이오 플라스틱 용기에서 나온 폐기물을 다른 것과 분리해서 수거하는 방법이다. 여기엔 심각한 문제가 있다. 이 용기는 플라스틱 분리수거함에 넣을 수 없다. 분류 시설에서 일하는 분들의 일을 방해할 뿐만 아니라, 무기 플라스틱 용기를 재활용하는 과정에 악영향을 미칠 수 있다. 새로운 분리수거함을 거리에 설치할 수 있을까? 무기 플라스틱 용기가 실수로 다른 분리수거함에 들어가게 되지 않을까? 정말 복잡하다!

퇴비화 가능한 용기는 단기간에 유기물처럼 완벽하게 생분해되어 자연환경에 오염 물질의 흔적을 남기지 않아야 한다.

이 모든 것 때문에 나는 바이오 폴리머가 플라스틱 오염의 해결책은 될 수 없다고 말하는 것이다. 진정한 해결책은 모든 분야에서 플라스틱 물질의 사용을 줄이는 것이다.

환경 단체에서 하는 일

환경 단체는 수년간 우리에게 전 세계에서 일어나는 플라스틱의 대량 생산과 고삐 풀린 소비가 일으킬 심각한 환경 파괴에 대해 경고해 왔다. 이제 우리도 그들의 말이 옳았다는 것을 알게 되었다.

플라스틱으로 인한 오염에 맞서 싸우는 데 협력할 가장 좋은 방법은 이러한 환경 단체를 지원하는 것이다. 지역사회에서 찾아보면 캠페인을 하는 단체가 많이 있다. 여러분이 사는 곳, 여러분이 사는 공동체와 같이 가까이 있는 단체들에 관심을 가지고, 그들이 하는 일에 적극적으로 참여하자.

가장 대표적이라고 할 수 있는 전국 조직을 가진 단체를 강화하는 것 역시 중요하다. 그래서 여러분에게도 이런 단체들을 소개하고 여기에 가입할 것을 권한다.

세계자연기금 WWF

세계자연기금은 전 세계 자연과 환경보호에 앞장서는 가장 규모가 큰 NGO다. 1961년 설립되어 100여 개 나라에 지부를 두고 있으며, 500만 명 이상의 회원이 활동하고 있다. 이 단체에서 하는 일은 자연, 서식지, 생물종을 보존하고, 플라스틱 오염과 같이 지구에서 살아가는 생물종의 생명을 위협하는 모든 것에 맞서 싸우는 일을 하고 있다.

• 세계자연기금 한국본부 : wwfkorea.or.kr

그린피스

1971년 캐나다의 반핵 활동가들이 설립한 그린피스는 전 세계에서 가장 영향력 있는 환경 단체가 되었다. 전 지구에서 환경을 파괴하는 행동을 종식시키기 위해 55개국 300만 명 이상이 참여하고 있는 글로벌 운동이다. 플라스틱 오염으로부터 해방된 미래를 위해 수백 개의 NGO가 함께하는 '플라스틱으로부터의 해방 Break Free From Plastic'에도 가담하고 있다.

• 그린피스 : www.greenpeace.org/korea

GREENPEACE

지구의 벗

전 세계에서 가장 강력한 사회 생태주의 운동 단체로, 1971년에 설립된 국제적 민간 환경 단체다. 일회용 플라스틱에 맞서 싸우는 일에 시민의 참여를 독려하는 일을 하고 있으며, 기업과 정부에 플라스틱 생산, 소비와 관련된 정책을 바꿀 것을 요구하는 일을 한다.

• 지구의 벗-환경운동연합 : kfem.or.kr

녹색연합

1991년에 창립하여 대한민국 자연을 지키는 환경 단체. 정부지원금을 전혀 받지 않고, 시민들의 후원금으로만 운영된다. 주요 생태축인 백두대간과 DMZ비무장지대를 보전하고, 야생동물과 그들의 서식지를 지킨다. 이밖에 기후위기를 가속화하는 현장도 감시하고, 쓰레기 없는 지구, 자연과 사람이 조화를 이루는 사회를 만들기 위해 노력한다.

• 녹색연합 : greenkorea.org

플라스틱
다이어트

2022년 11월 10일 처음 펴냄
2023년 5월 15일 2쇄 펴냄

지은이 호세 루이스 가예고 | **옮긴이** 남진희
펴낸이 신명철 | **편집** 윤정현 | **영업** 박철환 | **관리** 이춘보 | **디자인** 최희윤
펴낸곳 (주)우리교육 | **등록** 제 313-2001-52호
주소 03993 서울특별시 마포구 월드컵북로 6길 46
전화 02-3142-6770 | **팩스** 02-6488-9615
홈페이지 www.urikyoyuk.modoo.at

ISBN 979-11-92665-12-2 03500